Motorsteuerung lernen

Die Steuerung moderner Otto- und Dieselmotoren macht einen stetig steigenden Anteil an Fahrzeugelektronik erforderlich, um die hohen Forderungen nach einer Reduzierung der Emissionen zu erfüllen. Um die Funktion der Fahrzeugantriebe und das Zusammenwirken der Komponenten und Systeme richtig zu verstehen, ist daher ein Fundus an Informationen von deren Grundlagen bis zur Arbeitsweise erforderlich. In diesem Heft „Dieselmotor-Management kompakt" stellt *Motorsteuerung lernen* die zum Verständnis erforderlichen Grundlagen bereit. Es bietet den raschen und sicheren Zugriff auf diese Informationen und erklärt diese anschaulich, systematisch und anwendungsorientiert.

Weitere Bände in der Reihe http://www.springer.com/series/13472

Konrad Reif
(Hrsg.)

Dieselmotor-Management kompakt

Hrsg.
Konrad Reif
Duale Hochschule Baden-Württemberg Ravensburg
Campus Friedrichshafen
Friedrichshafen, Deutschland

ISSN 2364-6349
Motorsteuerung lernen
ISBN 978-3-658-27954-7

Die Deutsche Nationalbibliothek verzeichnet diese Publikation in der Deutschen Nationalbibliografie; detaillierte bibliografische Daten sind im Internet über http://dnb.d-nb.de abrufbar.

Verantwortlich im Verlag: Markus Braun
Springer Vieweg ist ein Imprint der eingetragenen Gesellschaft Springer Fachmedien Wiesbaden GmbH und ist ein Teil von Springer Nature
Die Anschrift der Gesellschaft ist: Abraham-Lincoln-Str. 46, 65189 Wiesbaden, Germany

Vorwort

Die beständige, jahrzehntelange Vorwärtsentwicklung der Fahrzeugtechnik zwingt den Fachmann dazu, mit dieser Entwicklung Schritt zu halten. Dies gilt nicht nur für junge Leute in der Ausbildung und die Ausbilder selbst, sondern auch für jeden, der schon länger auf dem Gebiet der Fahrzeugtechnik und -elektronik arbeitet. Dabei nimmt neben den klassischen Gebieten Fahrzeug- und Motorentechnik die Elektronik eine immer wichtigere Rolle ein. Die Aus- und Weiterbildungsangebote müssen dem Rechnung tragen, genauso wie die Studienangebote.

Der Fachlehrgang „Motorsteuerung lernen" nimmt auf diesen Bedarf Bezug und bietet mit zehn Einzelthemen einen leichten Einstieg in das wichtige und umfangreiche Gebiet der Steuerung von Diesel- und Ottomotoren. Eine fachlich fundierte und anwendungsorientierte Darstellung garantiert eine direkte Verwertbarkeit des Fachlehrgangs in der Praxis. Die leichte Verständlichkeit machen den Fachlehrgang für das Selbststudium besonders geeignet.

Der hier vorliegende Teil des Fachlehrgangs mit dem Titel „Dieselmotor-Management kompakt" behandelt die Steuerung und Regelung von Dieselmotoren in einer kompakten und übersichtlichen Form. Dabei wird auf die grundsätzliche Funktion des Motors, die Füllungssteuerung und vor allem auf die Einspritzung und die Regelung des Dieselmotors eingegangen. Außerdem werden Starthilfesysteme und die Abgasnachbehandlung behandelt. Dieser Teil des Fachlehrgangs entspricht dem gelben Heft „Dieselmotor-Management im Überblick" aus der Reihe Fachwissen Kfz-Technik von Bosch.

Friedrichshafen, im Januar 2015   Konrad Reif

Inhaltsverzeichnis

Herausgeber

Prof. Dr.-Ing. Konrad Reif

Autoren und Mitwirkende

Dr.-Ing. Herbert Schumacher
(Einsatzgebiete der Dieselmotoren)

Dr.-Ing. Thorsten Raatz
(Grundlagen des Dieselmotors)

Dipl.-Ing. Hermann Grieshaber
(Grundlagen des Dieselmotors, Grundlagen
der Dieseleinspritzung)

Dr. rer. nat. Jörg Ullmann
(Kraftstoffe)

Dr.-Ing. Thomas Wintrich
(Systeme zur Füllungssteuerung)

Dipl.-Betriebsw. Meike Keller
(Motoransaugfilter)

Dipl.-Ing. Jens Olaf Stein
(Grundlagen der Dieseleinspritzung)

Henri Bruognolo
(Reiheneinspritzpumpen)

Dipl.-Ing. (FH) Helmut Simon
(Verteilereinspritzpumpen)

Dr. tech. Theodor Stipek,
Dipl.-Ing. Joachim Lackner.
(Einzelzylindersysteme für Großmotoren)

Dipl.-Ing. (HU) Carlos Alvarez-Avila,
Dipl.-Ing. Roger Potschin.
(UIS/UPS)

Dipl.-Ing. Felix Landhäußer
(Common Rail, Elektronische Dieselregelung)

Dr. rer. nat. Wolfgang Dreßler
(Starthilfesysteme)

Dipl.-Ing. Thomas Kügler
(Einspritzdüsen, Düsenhalter)

Dr. rer. nat. Norbert Breuer,
Dr. rer. nat. Thomas Hauber,
Priv.-Doz. Dr.-Ing. Johannes Schaller,
Dr. Ralf Schernewski,
Dipl.-Ing. Stefan Stein,
Dr.-Ing. Ralf Wirth.
(Abgasnachbehandlung)

Soweit nicht anders angegeben,
handelt es sich um Mitarbeiter der
Robert Bosch GmbH.

Einsatzgebiete der Dieselmotoren

Kein anderer Verbrennungsmotor wird so vielfältig eingesetzt wie der Dieselmotor [1]). Dies ist vor allem auf seinen hohen Wirkungsgrad und der damit verbundenen Wirtschaftlichkeit zurückzuführen.

Die wesentlichen Einsatzgebiete für Dieselmotoren sind:
▸ Stationärmotoren,
▸ Pkw und leichte Nkw,
▸ schwere Nkw,
▸ Bau- und Landmaschinen,
▸ Lokomotiven und
▸ Schiffe.

Dieselmotoren werden als Reihenmotoren und V-Motoren gebaut. Sie eignen sich grundsätzlich sehr gut für die Aufladung, da bei ihnen im Gegensatz zum Ottomotor kein Klopfen auftritt.

---

[1]) Benannt nach Rudolf Diesel (1858 bis 1913), der 1892 sein erstes Patent auf „Neue rationelle Wärmekraftmaschinen" anmeldete. Es erforderte jedoch noch viel Entwicklungsarbeit, bis 1897 der erste Dieselmotor bei MAN in Augsburg lief.

Eigenschaftskriterien

Folgende Merkmale und Eigenschaften sind für den Einsatz eines Dieselmotors von Bedeutung (Beispiele):
▸ Motorleistung,
▸ spezifische Leistung,
▸ Betriebssicherheit,
▸ Herstellungskosten,
▸ Wirtschaftlichkeit im Betrieb,
▸ Zuverlässigkeit,
▸ Umweltverträglichkeit,
▸ Komfort und
▸ Gefälligkeit (z. B. Motorraumdesign).

Je nach Anwendungsbereich ergeben sich für die Auslegung des Dieselmotors unterschiedlich Schwerpunkte.

Anwendungen

Stationärmotoren

Stationärmotoren (z. B. für Stromerzeuger) werden oft mit einer festen Drehzahl betrieben. Motor und Einspritzsystem können somit optimal auf diese Drehzahl abgestimmt werden. Ein Drehzahlregler verändert die Einspritzmenge entsprechend der geforderten Last. Für diese An-

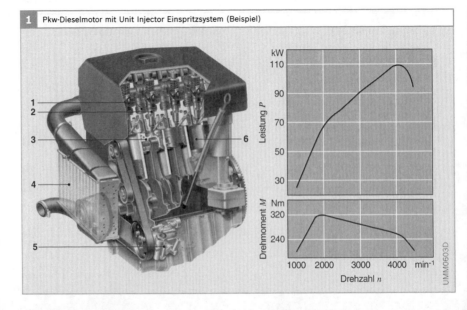

1 Pkw-Dieselmotor mit Unit Injector Einspritzsystem (Beispiel)

Bild 1
1 Ventiltrieb
2 Injektor
3 Kolben mit Bolzen
   und Pleuel
4 Ladeluftkühler
5 Kühlmittelpumpe
6 Zylinder

wendungen werden weiterhin auch Einspritzanlagen mit mechanischer Regelung eingesetzt.

Auch Pkw- und Nkw-Motoren können als Stationärmotoren eingesetzt werden. Die Regelung des Motors muss jedoch ggf. den veränderten Bedingungen angepasst sein.

Pkw und leichte Nkw

Besonders von Pkw-Motoren (Bild 1) wird ein hohes Maß an Durchzugskraft und Laufruhe erwartet. Auf diesem Gebiet wurden durch weiterentwickelte Motoren und neue Einspritzsysteme mit Elektronischer Dieselregelung (Electronic Diesel Control, EDC) große Fortschritte erzielt. Das Leistungs- und Drehmomentverhalten konnte auf diese Weise seit Beginn der 1990er- Jahre wesentlich verbessert werden. Deshalb hat der „Diesel" unter anderem auch den Einzug in die Pkw-Oberklasse geschafft.

In Pkw werden Schnellläufer mit Drehzahlen bis 5500 min^{-1} eingesetzt. Das Spektrum reicht vom 10-Zylinder mit 5000 cm^3 in Limousinen bis zum 3-Zylinder 800 cm^3-Motor in Kleinwagen.

Neue Pkw-Dieselmotoren werden in Europa nur noch mit Direkteinspritzung (DI, Direct Injection engine) entwickelt, da der Kraftstoffverbrauch bei DI-Motoren ca. 15...20 % geringer ist als bei Kammermotoren. Diese heute fast ausschließlich mit einem Abgasturbolader ausgerüsteten Motoren bieten deutlich höhere Drehmomente als vergleichbare Ottomotoren. Das im Fahrzeug maximal mögliche Drehmoment wird meist von den zur Verfügung stehenden Getrieben und nicht vom Motor bestimmt.

Die immer schärfer werdenden Abgasgrenzwerte und die gestiegenen Leistungsanforderungen erfordern Einspritzsysteme mit sehr hohen Einspritzdrücken. Die steigenden Anforderungen an das Abgasverhalten bilden auch zukünftig eine Herausforderung für die Entwickler von Dieselmotoren. Deshalb wird es in Zukunft besonders auf dem Gebiet der Abgasnachbehandlung zu weiteren Veränderungen kommen.

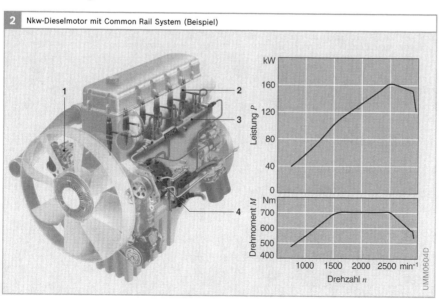

2 Nkw-Dieselmotor mit Common Rail System (Beispiel)

UMM0604D

Bild 2
1 Generator
2 Injektor
3 Rail
4 Hochdruckpumpe

Schwere Nkw

Motoren für schwere Nkw (Bild 2) müssen vor allem wirtschaftlich sein. Deshalb sind in diesem Anwendungsbereich nur Dieselmotoren mit Direkteinspritzung (DI) zu finden. Der Drehzahlbereich dieser Mittelschnellläufer reicht bis ca. 3500 min⁻¹.

Auch die Abgasgrenzwerte für Nkw werden immer weiter herabgesetzt. Dies bedeutet hohe Anforderungen auch an das jeweilige Einspritzsystem und die Entwicklung von neuen Systemen zur Abgasnachbehandlung.

Bau- und Landmaschinen

Im Bereich der Bau- und Landmaschinen hat der Dieselmotor seinen klassischen Einsatzbereich. Bei der Auslegung dieser Motoren wird außer auf die Wirtschaftlichkeit besonders hoher Wert auf Robustheit, Zuverlässigkeit und Servicefreundlichkeit gelegt. Die maximale Leistungsausbeute und die Geräuschoptimierung haben einen geringeren Stellenwert als zum Beispiel bei Pkw-Motoren. Bei dieser Anwendung werden Motoren mit Leistungen ab ca. 3 kW bis hin zu Leistungen schwerer Nkw eingesetzt.

Bei Bau- und Landmaschinen kommen vielfach noch Einspritzsysteme mit mechanischer Regelung zum Einsatz. Im Gegensatz zu allen anderen Einsatzbereichen, in denen vorwiegend wassergekühlte Motoren verwendet werden, hat bei den Bau- und Landmaschinen die robuste und einfach realisierbare Luftkühlung noch große Bedeutung.

Lokomotiven

Lokomotivmotoren sind, ähnlich wie größere Schiffsdieselmotoren, besonders auf Dauerbetrieb ausgelegt. Außerdem müssen sie gegebenenfalls auch mit schlechteren Dieselkraftstoff-Qualitäten zurechtkommen. Ihre Baugröße umfasst den Bereich großer Nkw-Motoren bis zu mittleren Schiffsmotoren.

Schiffe

Die Anforderungen an Schiffsmotoren sind je nach Einsatzbereich sehr unterschiedlich. Es gibt ausgesprochene Hochleistungsmotoren für z. B. Marine- oder Sportboote. Für diese Anwendung werden 4-Takt-Mittelschnellläufer mit einem Drehzahlbereich zwischen 400...1500 min⁻¹ und bis zu 24 Zylindern eingesetzt (Bild 3).

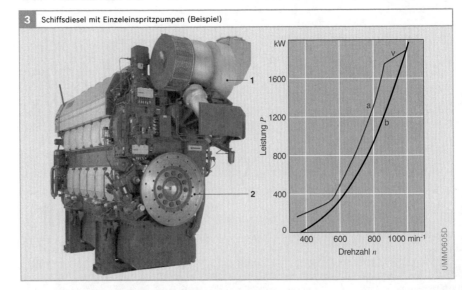

3 | Schiffsdiesel mit Einzeleinspritzpumpen (Beispiel)

Bild 3
1 Lader
2 Schwungmasse

a Motorleistung
b Fahrwiderstandskurve
v Bereich der Volllastbegrenzung

Andererseits finden auf äußerste Wirtschaftlichkeit im Dauerbetrieb ausgelegte 2-Takt-Großmotoren Verwendung. Mit diesen Langsamläufern (n < 300 min⁻¹) werden auch die höchsten mit Kolbenmotoren erreichbaren effektiven Wirkungsgrade von bis zu 55 % erreicht.

Großmotoren werden meist mit preiswertem Schweröl betrieben. Dazu ist eine aufwändige Kraftstoff-Aufbereitung an Bord erforderlich. Der Kraftstoff muss je nach Qualität auf bis zu 160 °C aufgeheizt werden. Erst dadurch wird seine Viskosität auf einen Wert gesenkt, der ein Filtern und Pumpen ermöglicht.

Für kleinere Schiffe werden oft Motoren eingesetzt, die eigentlich für schwere Nkw bestimmt sind. Damit steht ein wirtschaftlicher Antrieb mit niedrigen Entwicklungskosten zur Verfügung. Auch bei diesen Anwendungen muss die Regelung an das veränderte Einsatzprofil angepasst sein.

Mehr- oder Vielstoffmotoren

Für Sonderanwendungen (z. B. Einsatz in Gebieten mit sehr schlechter Infrastruktur und Militäranwendungen) wurden Dieselmotoren mit der Eignung für wechselweisen Betrieb mit Diesel-, Otto- und ähnlichen Kraftstoffen entwickelt. Sie haben zurzeit nahezu keine Bedeutung, da mit solchen Motoren die heutigen Anforderungen an das Emissions- und Leistungsverhalten nicht zu erfüllen sind.

Motorkenndaten

Tabelle 1 zeigt die wichtigsten Vergleichsdaten verschiedener Diesel- und Ottomotoren.

Bei Ottomotoren mit Benzin-Direkteinspritzung (BDE) liegt der Mitteldruck um ca. 10 % höher als bei den in der Tabelle angegebenen Motoren mit Saugrohreinspritzung. Der spezifische Kraftstoffverbrauch ist dabei um bis zu 25 % geringer. Das Verdichtungsverhältnis bei diesen Motoren geht bis $\varepsilon = 13$.

1 Vergleichsdaten für Diesel- und Ottomotoren							
Einspritzsystem	Nenndrehzahl n_{Nenn} [min⁻¹]	Verdichtungs-verhältnis ε	Mitteldruck[1] p_e [bar]	spezifische Leistung $p_{e,spez.}$ [kW/l]	Leistungs-gewicht $m_{spez.}$ [kg/kW]	spez. Kraft-stoffverbrauch[2] b_e [g/kWh]
Dieselmotoren						
IDI[3] Pkw Saugmotoren	3500...5000	20...24	7...9	20...35	5...3	320...240
IDI[3] Pkw mit Aufladung	3500...4500	20...24	9...12	30...45	4...2	290...240
DI[4] Pkw Saugmotoren	3500...4200	19...21	7...9	20...35	5...3	240...220
DI[4] Pkw mit Aufladung u. LLK[5]	3600...4400	16...20	8...22	30...60	4...2	210...195
DI[4] Nkw Saugmotoren	2000...3500	16...18	7...10	10...18	9...4	260...210
DI[4] Nkw mit Aufladung	2000...3200	15...18	15...20	15...25	8...3	230...205
DI[4] Nkw mit Aufladung u. LLK[5]	1800...2600	16...18	15...25	25...35	5...2	225...190
Bau- und Landmaschinen	1000...3600	16...20	7...23	6...28	10...1	280...190
Lokomotiven	750...1000	12...15	17...23	20...23	10...5	210...200
Schiffe (4-Takt)	400...1500	13...17	18...26	10...26	16...13	210...190
Schiffe (2-Takt)	50...250	6...8	14...18	3...8	32...16	180...160
Ottomotoren						
Pkw Saugmotoren	4500...7500	10...11	12...15	50...75	2...1	350...250
Pkw mit Aufladung	5000...7000	7...9	11...15	85...105	2...1	380...250
Nkw	2500...5000	7...9	8...10	20...30	6...3	380...270

Tabelle 1
[1] Aus dem Mitteldruck p_e kann das mit folgender Formel spezifische Drehmoment $M_{spez.}$ [Nm] ermittelt werden:

$$M_{spez.} = \frac{25}{\pi \cdot p_e}$$

[2] Bestverbrauch
[3] IDI Indirect Injection (Kammermotoren)
[4] DI Direct Injection (Direkteinspritzer)
[5] Ladeluftkühlung

Grundlagen des Dieselmotors

Der Dieselmotor ist ein Selbstzündungs-
motor mit innerer Gemischbildung. Die
für die Verbrennung benötigte Luft wird
im Brennraum hoch verdichtet. Dabei
entstehen hohe Temperaturen, bei denen
sich der eingespritzte Dieselkraftstoff
selbst entzündet. Die im Dieselkraftstoff
enthaltene chemische Energie wird vom
Dieselmotor über Wärme in mechanische
Arbeit umgesetzt.

Der Dieselmotor ist die Verbrennungs-
kraftmaschine mit dem höchsten effektiven Wirkungsgrad (bei großen langsam
laufenden Motoren mehr als 50 %). Der
damit verbundene niedrige Kraftstoffverbrauch, die vergleichsweise schadstoff-
armen Abgase und das vor allem durch
Voreinspritzung verminderte Geräusch
verhalfen dem Dieselmotor zu großer
Verbreitung.

Der Dieselmotor eignet sich besonders
für die Aufladung. Sie erhöht nicht nur die
Leistungsausbeute und verbessert den
Wirkungsgrad, sondern vermindert zudem
die Schadstoffe im Abgas und das Verbrennungsgeräusch.

Zur Reduzierung der NO_X-Emission bei
Pkw und Nkw wird ein Teil des Abgases
in den Ansaugtrakt des Motors zurückgeleitet (Abgasrückführung). Um noch niedrigere NO_X-Emissionen zu erhalten, kann
das zurückgeführte Abgas gekühlt werden.

Dieselmotoren können sowohl nach dem
Zweitakt- als auch nach dem Viertakt-
Prinzip arbeiten. Im Kraftfahrzeug kommen hauptsächlich Viertakt-Motoren
zum Einsatz.

Arbeitsweise

Ein Dieselmotor enthält einen oder mehrere Zylinder. Angetrieben durch die Verbrennung des Luft-Kraftstoff-Gemischs
führt ein Kolben (Bild 1, Pos. 3) je Zylinder
(5) eine periodische Auf- und Abwärts-
bewegung aus. Dieses Funktionsprinzip
gab dem Motor den Namen „Hubkolbenmotor".

Die Pleuelstange (11) setzt diese Hub-
bewegungen der Kolben in eine Rotationsbewegung der Kurbelwelle (14) um. Eine
Schwungmasse (15) an der Kurbelwelle
hält die Bewegung aufrecht und vermindert die Drehungleichförmigkeit, die
durch die Verbrennungen in den einzelnen
Kolben entsteht. Die Kurbelwellendrehzahl wird auch Motordrehzahl genannt.

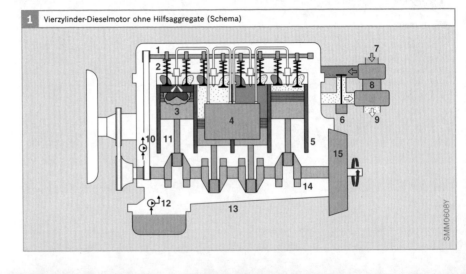

1 Vierzylinder-Dieselmotor ohne Hilfsaggregate (Schema)

SMM0608Y

Bild 1

1 Nockenwelle
2 Ventile
3 Kolben
4 Einspritzsystem
5 Zylinder
6 Abgasrückführung
7 Ansaugrohr
8 Lader (hier
  Abgasturbolader)
9 Abgasrohr
10 Kühlsystem
11 Pleuelstange
12 Schmiersystem
13 Motorblock
14 Kurbelwelle
15 Schwungmasse

2 Arbeitsspiel eines Viertakt-Dieselmotors

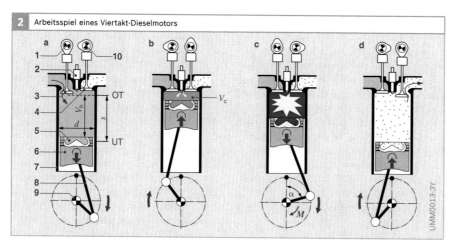

UMM0013-3Y

Bild 2

a Ansaugtakt
b Verdichtungstakt
c Arbeitstakt
d Ausstoßtakt

1 Einlassnockenwelle
2 Einspritzdüse
3 Einlassventil
4 Auslassventil
5 Brennraum
6 Kolben
7 Zylinderwand
8 Pleuelstange
9 Kurbelwelle
10 Auslassnockenwelle

α Kurbelwellenwinkel
d Bohrung
M Drehmoment
s Kolbenhub
V_c Kompressions-
    volumen
V_h Hubvolumen
    (Hubraum)
OT oberer Totpunkt
    des Kolbens
UT unterer Totpunkt
    des Kolbens

Viertakt-Verfahren

Beim Viertakt-Dieselmotor (Bild 2) steuern
Gaswechselventile den Gaswechsel von
Frischluft und Abgas. Sie öffnen oder schließen die Ein- und Auslasskanäle zu den Zylindern. Je Ein- bzw. Auslasskanal können
ein oder zwei Ventile eingebaut sein.

1. Takt: Ansaugtakt (a)

Ausgehend vom oberen Totpunkt (OT)
bewegt sich der Kolben (6) abwärts und
vergrößert das Volumen im Zylinder.
Durch das geöffnete Einlassventil (3)
strömt Luft ohne vorgeschaltete Drossel-
klappe in den Zylinder ein. Im unteren
Totpunkt (UT) hat das Zylindervolumen
seine maximale Größe erreicht ($V_h + V_c$).

2. Takt: Verdichtungstakt (b)

Die Gaswechselventile sind nun geschlossen. Der aufwärts gehende Kolben verdichtet (komprimiert) die im Zylinder eingeschlossene Luft entsprechend dem aus-
geführten Verdichtungsverhältnis (von 6:1
bei Großmotoren bis 24:1 bei Pkw). Sie
erwärmt sich dabei auf Temperaturen bis
zu 900 °C. Gegen Ende des Verdichtungs-
vorgangs spritzt die Einspritzdüse (2) den
Kraftstoff unter hohem Druck (derzeit bis
zu 2200 bar) in die erhitzte Luft ein. Im
oberen Totpunkt ist das minimale Volumen
erreicht (Kompressionsvolumen V_c).

3. Takt: Arbeitstakt (c)

Nach Verstreichen des Zündverzugs (einige Grad Kurbelwellenwinkel) beginnt
der Arbeitstakt. Der fein zerstäubte zünd-
willige Dieselkraftstoff entzündet sich
selbst an der hoch verdichteten heißen
Luft im Brennraum (5) und verbrennt.
Dadurch erhitzt sich die Zylinderladung
weiter und der Druck im Zylinder steigt
nochmals an. Die durch die Verbrennung
frei gewordene Energie ist im Wesentlichen durch die eingespritzte Kraftstoffmasse bestimmt (Qualitätsregelung). Der
Druck treibt den Kolben nach unten, die
chemische Energie wird in Bewegungsenergie umgewandelt. Ein Kurbeltrieb
übersetzt die Bewegungsenergie des
Kolbens in ein an der Kurbelwelle zur
Verfügung stehendes Drehmoment.

4. Takt: Ausstoßtakt (d)

Bereits kurz vor dem unteren Totpunkt
öffnet das Auslassventil (4). Die unter
Druck stehenden heißen Gase strömen
aus dem Zylinder. Der aufwärts gehende
Kolben stößt die restlichen Abgase aus.

Nach jeweils zwei Kurbelwellenumdrehungen beginnt ein neues Arbeitsspiel
mit dem Ansaugtakt.

Ventilsteuerzeiten

Die Nocken auf der Einlass- und Auslass-nockenwelle öffnen und schließen die Gaswechselventile. Bei Motoren mit nur einer Nockenwelle überträgt ein Hebelmechanismus die Hubbewegung der Nocken auf die Gaswechselventile. Die Steuerzeiten geben die Schließ- und Öffnungszeiten der Ventile bezogen auf die Kurbelwellenstellung an (Bild 4). Sie werden deshalb in „Grad Kurbelwellenwinkel" angegeben.

Die Kurbelwelle treibt die Nockenwelle über einen Zahnriemen (bzw. eine Kette oder Zahnräder) an. Ein Arbeitsspiel umfasst beim Viertakt-Verfahren zwei Kurbelwellenumdrehungen. Die Nockenwellendrehzahl ist deshalb nur halb so groß wie die Kurbelwellendrehzahl. Das Untersetzungsverhältnis zwischen Kurbel- und Nockenwelle beträgt somit 2:1.

Beim Übergang zwischen Ausstoß- und Ansaugtakt sind über einen bestimmten Bereich Auslass- und Einlassventil gleichzeitig geöffnet. Durch diese Ventilüberschneidung wird das restliche Abgas ausgespült und gleichzeitig der Zylinder gekühlt.

Verdichtung (Kompression)

Aus dem Hubraum V_h und dem Kompressionsvolumen V_c eines Kolbens ergibt sich das Verdichtungsverhältnis ε:

$$\varepsilon = \frac{V_h + V_c}{V_c}$$

Die Verdichtung des Motors hat entscheidenden Einfluss auf
► das Kaltstartverhalten,
► das erzeugte Drehmoment,
► den Kraftstoffverbrauch,
► die Geräuschemissionen und
► die Schadstoffemissionen.

Das Verdichtungsverhältnis ε beträgt bei Dieselmotoren für Pkw und Nkw je nach Motorbauweise und Einspritzart $\varepsilon = 16:1...24:1$. Die Verdichtung liegt also höher als beim Ottomotor ($\varepsilon = 7:1...13:1$). Aufgrund der begrenzten Klopffestigkeit des Benzins würde sich bei diesem das Luft-Kraftstoff-Gemisch bei hohem Kompressionsdruck und der sich daraus ergebenden hohen Brennraumtemperatur selbstständig und unkontrolliert entzünden.

Die Luft wird im Dieselmotor auf 30...50 bar (Saugmotor) bzw. 70...150 bar (aufgeladener Motor) verdichtet. Dabei entstehen Temperaturen im Bereich von 700...900°C (Bild 3). Die Zündtemperatur für die am leichtesten entflammbaren Komponenten im Dieselkraftstoff beträgt etwa 250°C.

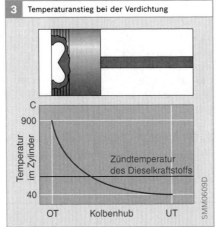

3 Temperaturanstieg bei der Verdichtung

C
900
Temperatur im Zylinder
Zündtemperatur des Dieselkraftstoffs
40
OT   Kolbenhub   UT

SMM0609D

Bild 3
OT oberer Totpunkt
    des Kolbens
UT unterer Totpunkt
    des Kolbens

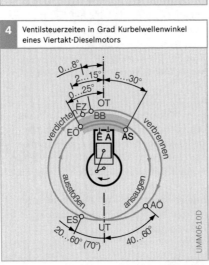

4 Ventilsteuerzeiten in Grad Kurbelwellenwinkel eines Viertakt-Dieselmotors

0...8°
2...15°
5...30°
0...25°
EZ OT
BB
verdichten
EÖ
E A AS
verbrennen
ausstoßen
ansaugen
AÖ
ES
UT
20...60° (70°)
40...60°

UMM0610D

Bild 4
AÖ Auslass öffnet
AS Auslass schließt
BB Brennbeginn
EÖ Einlass öffnet
ES Einlass schließt
EZ Einspritzzeitpunkt
OT oberer Totpunkt
    des Kolbens
UT unterer Totpunkt
    des Kolbens

■ Ventilüber-
   schneidung

Drehmoment und Leistung

Drehmoment

Die Pleuelstange setzt die Hubbewegung des Kolbens in eine Rotationsbewegung der Kurbelwelle um. Die Kraft, mit der das expandierende Luft-Kraftstoff-Gemisch den Kolben nach unten treibt, wird so über den Hebelarm der Kurbelwelle in ein Drehmoment umgesetzt.

Das vom Motor abgegebene Drehmoment M hängt vom Mitteldruck p_e (mittlerer Kolben- bzw. Arbeitsdruck) ab. Es gilt:

$$M = p_e \cdot V_H / (4 \cdot \pi)$$

mit
V_H Hubraum des Motors und $\pi \approx 3{,}14$.

Der Mitteldruck erreicht bei aufgeladenen kleinen Dieselmotoren für Pkw Werte von 8...22 bar. Zum Vergleich: Ottomotoren erreichen Werte von 7...11 bar.

Das maximal erreichbare Drehmoment M_{max}, das der Motor liefern kann, ist durch die Konstruktion des Motors bestimmt (Größe des Hubraums, Aufladung usw.). Die Anpassung des Drehmoments an die Erfordernisse des Fahrbetriebs erfolgt im Wesentlichen durch die Veränderung der Luft- und Kraftstoffmasse sowie durch die Gemischbildung.

Das Drehmoment nimmt mit steigender Drehzahl n bis zum maximalen Drehmoment M_{max} zu (Bild 1). Mit höheren Drehzahlen fällt das Drehmoment wieder ab (maximal zulässige Motorbeanspruchung, gewünschtes Fahrverhalten, Getriebeauslegung).

Die Entwicklung in der Motortechnik zielt darauf ab, das maximale Drehmoment schon bei niedrigen Drehzahlen im Bereich von weniger als 2000 min⁻¹ bereitzustellen, da in diesem Drehzahlbereich der Kraftstoffverbrauch am günstigsten ist und die Fahrbarkeit als angenehm empfunden wird (gutes Anfahrverhalten).

Leistung

Die vom Motor abgegebene Leistung P (erzeugte Arbeit pro Zeit) hängt vom Drehmoment M und der Motordrehzahl n ab. Die Motorleistung steigt mit der Drehzahl, bis sie bei der Nenndrehzahl n_{nenn} mit der Nennleistung P_{nenn} ihren Höchstwert erreicht. Es gilt der Zusammenhang:

$$P = 2 \cdot \pi \cdot n \cdot M$$

Bild 1a zeigt den Vergleich von Dieselmotoren der Baujahre 1968 und 1998 mit ihrem typischen Leistungsverlauf in Abhängigkeit von der Motordrehzahl.

Aufgrund der niedrigeren Maximaldrehzahlen haben Dieselmotoren eine geringere hubraumbezogenen Leistung als Ottomotoren. Moderne Dieselmotoren für Pkw erreichen Nenndrehzahlen von 3500...5000 min⁻¹.

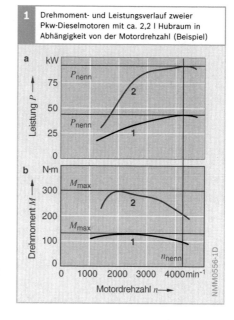

1 Drehmoment- und Leistungsverlauf zweier Pkw-Dieselmotoren mit ca. 2,2 l Hubraum in Abhängigkeit von der Motordrehzahl (Beispiel)

Bild 1
a Leistungsverlauf
b Drehmomentverlauf

1 Baujahr 1968
2 Baujahr 1998

M_{max} maximales Drehmoment
P_{nenn} Nennleistung
n_{nenn} Nenndrehzahl

Motorwirkungsgrad

Der Verbrennungsmotor verrichtet Arbeit durch Druck-Volumen-Änderungen eines Arbeitsgases (Zylinderfüllung).

Der effektive Wirkungsgrad des Motors ist das Verhältnis aus eingesetzter Energie (Kraftstoff) und nutzbarer Arbeit. Er ergibt sich aus dem thermischen Wirkungsgrad eines idealen Arbeitsprozesses (Seiliger-Prozess) und den Verlustanteilen des realen Prozesses.

Seiliger-Prozess

Der Seiliger-Prozess kann als thermodynamischer Vergleichsprozess für den Hubkolbenmotor herangezogen werden und beschreibt die unter Idealbedingungen theoretisch nutzbare Arbeit. Für diesen idealen Prozess werden folgende Vereinfachungen angenommen:

▶ ideales Gas als Arbeitsmedium
▶ Gas mit konstanter spezifischer Wärme,
▶ keine Strömungsverluste beim Gaswechsel.

Der Zustand des Arbeitsgases kann durch die Angabe von Druck (p) und Volumen (V) beschrieben werden. Die Zustandsänderungen werden im p-V-Diagramm (Bild 1) dargestellt, wobei die eingeschlossene Fläche der Arbeit entspricht, die in einem Arbeitsspiel verrichtet wird.

Im Seiliger-Prozess laufen folgende Prozess-Schritte ab:

Isentrope Kompression (1-2)
Bei der isentropen Kompression (Verdichtung bei konstanter Entropie, d. h. ohne Wärmeaustausch) nimmt der Druck im Zylinder zu, während das Volumen abnimmt.

Isochore Wärmezufuhr (2-3)
Das Gemisch beginnt zu verbrennen. Die Wärmezufuhr (q_{BV}) erfolgt bei konstantem Volumen (isochor). Der Druck nimmt dabei zu.

Isobare Wärmezufuhr (3-3')
Die weitere Wärmezufuhr (q_{Bp}) erfolgt bei konstantem Druck (isobar), während sich der Kolben abwärts bewegt und das Volumen zunimmt.

Isentrope Expansion (3'-4)
Der Kolben geht weiter zum unteren Totpunkt. Es findet kein Wärmeaustausch mehr statt. Der Druck nimmt ab, während das Volumen zunimmt.

Isochore Wärmeabfuhr (4-1)
Beim Gaswechsel wird die Restwärme ausgestoßen (q_A). Dies geschieht bei konstantem Volumen (unendlich schnell und vollständig). Damit ist der Ausgangszustand wieder erreicht und ein neuer Arbeitszyklus beginnt.

p-V-Diagramm des realen Prozesses
Um die beim realen Prozess geleistete Arbeit zu ermitteln, wird der Zylinderdruckverlauf gemessen und im p-V-Diagramm dargestellt (Bild 2). Die Fläche der oberen

Bild 1
1-2 Isentrope Kompression
2-3 isochore Wärmezufuhr
3-3' isobare Wärmezufuhr
3'-4 isentrope Expansion
4-1 isochore Wärmeabfuhr

OT oberer Totpunkt des Kolbens
UT unterer Totpunkt des Kolbens

q_A abfließende Wärmemenge beim Gaswechsel
q_{Bp} Verbrennungswärme bei konstantem Druck
q_{BV} Verbrennungswärme bei konstantem Volumen
W theoretische Arbeit

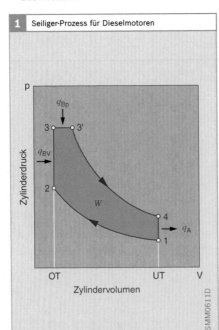

1 Seiliger-Prozess für Dieselmotoren

SMM0611D

2 Realer Prozess eines aufgeladenen Dieselmotors im p-V-Indikator-Diagramm (aufgenommen mit Drucksensor)

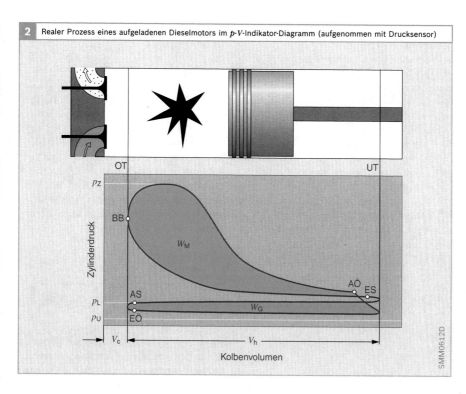

Bild 2
AÖ Auslass öffnet
AS Auslass schließt
BB Brennbeginn
EÖ Einlass öffnet
ES Einlass schließt
OT oberer Totpunkt
   des Kolbens
UT unterer Totpunkt
   des Kolbens

p_U Umgebungsdruck
p_L Ladedruck
p_Z maximaler
   Zylinderdruck
V_c Kompressions-
   volumen
V_h Hubvolumen
W_M indizierte Arbeit
W_G Arbeit beim Gas-
   wechsel (Lader)

3 Druckverlauf eines aufgeladenen Dieselmotors im Druck-Kurbelwellen-Diagramm (p-α-Diagramm)

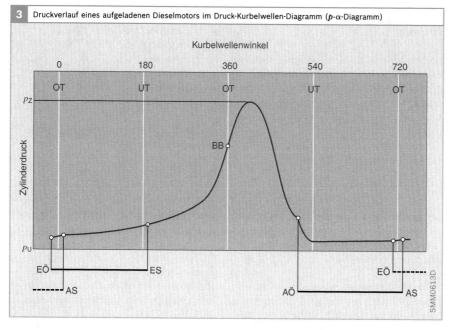

Bild 3
AÖ Auslass öffnet
AS Auslass schließt
BB Brennbeginn
EÖ Einlass öffnet
ES Einlass schließt
OT oberer Totpunkt
   des Kolbens
UT unterer Totpunkt
   des Kolbens

p_U Umgebungsdruck
p_L Ladedruck
p_Z maximaler
   Zylinderdruck

Kurve entspricht der am Zylinderkolben anstehenden Arbeit.

Hierzu muss bei Ladermotoren die Fläche des Gaswechsels (W_G) addiert werden, da die durch den Lader komprimierte Luft den Kolben in Richtung unteren Totpunkt drückt.

Die durch den Gaswechsel verursachten Verluste werden in vielen Betriebspunkten durch den Lader überkompensiert, sodass sich ein positiver Beitrag zur geleisteten Arbeit ergibt.

Die Darstellung des Drucks über dem Kurbelwellenwinkel (Bild 3, vorherige Seite) findet z. B. bei der thermodynamischen Druckverlaufsanalyse Verwendung.

Wirkungsgrad
Der effektive Wirkungsgrad des Dieselmotors ist definiert als:

$$\eta_e = \frac{W_e}{W_B}$$

W_e ist die an der Kurbelwelle effektiv verfügbare Arbeit.
W_B ist der Heizwert des zugeführten Brennstoffs.

Der effektive Wirkungsgrad η_e lässt sich darstellen als Produkt aus dem thermischen Wirkungsgrad des Idealprozesses und weiteren Wirkungsgraden, die den Einflüssen des realen Prozesses Rechnung tragen:

$$\eta_e = \eta_{th} \cdot \eta_g \cdot \eta_b \cdot \eta_m = \eta_i \cdot \eta_m$$

η_{th}: Thermischer Wirkungsgrad
η_{th} ist der thermische Wirkungsgrad des Seiliger-Prozesses. Er berücksichtigt die im Idealprozess auftretenden Wärmeverluste und hängt im Wesentlichen vom Verdichtungsverhältnis und von der Luftzahl ab.

Da der Dieselmotor gegenüber dem Ottomotor mit höherem Verdichtungsverhältnis und mit hohem Luftüberschuss be-

trieben wird, erreicht er einen höheren Wirkungsgrad.

η_g: Gütegrad
η_g gibt die im realen Hochdruck-Arbeitsprozess erzeugte Arbeit im Verhältnis zur theoretischen Arbeit des Seiliger-Prozesses an.

Die Abweichungen des realen vom idealen Prozess ergeben sich im Wesentlichen durch Verwenden eines realen Arbeitsgases, endliche Geschwindigkeit der Wärmezu- und -abfuhr, Lage der Wärmezufuhr, Wandwärmeverluste und Strömungsverluste beim Ladungswechsel.

η_b: Brennstoffumsetzungsgrad
η_b berücksichtigt die Verluste, die aufgrund der unvollständigen Verbrennung des Kraftstoffs im Zylinder auftreten.

η_m: Mechanischer Wirkungsgrad
η_m erfasst Reibungsverluste und Verluste durch den Antrieb der Nebenaggregate. Die Reib- und Antriebsverluste steigen mit der Motordrehzahl an. Die Reibungsverluste setzen sich bei Nenndrehzahl wie folgt zusammen:
► Kolben und Kolbenringe (ca. 50),
► Lager (ca. 20 %),
► Ölpumpe (ca. 10 %),
► Kühlmittelpumpe (ca. 5 %),
► Ventiltrieb (ca. 10 %),
► Einspritzpumpe (ca. 5 %).

Ein mechanischer Lader muss ebenfalls hinzugezählt werden.

η_i: Indizierter Wirkungsgrad
Der indizierte Wirkungsgrad gibt das Verhältnis der am Zylinderkolben anstehenden, „indizierten" Arbeit W_i zum Heizwert des eingesetzten Kraftstoffs an.

Die effektiv an der Kurbelwelle zur Verfügung stehende Arbeit W_e ergibt sich aus der indizierten Arbeit durch Berücksichtigung der mechanischen Verluste:
$W_e = W_i \cdot \eta_m$.

Betriebszustände

Start

Das Starten eines Motors umfasst die Vorgänge: Anlassen, Zünden und Hochlaufen bis zum Selbstlauf.

Die im Verdichtungshub erhitzte Luft muss den eingespritzten Kraftstoff zünden (Brennbeginn). Die erforderliche Mindestzündtemperatur für Dieselkraftstoff beträgt ca. 250 °C.

Diese Temperatur muss auch unter ungünstigen Bedingungen erreicht werden. Niedrige Drehzahl, tiefe Außentemperaturen und ein kalter Motor führen zu verhältnismäßig niedriger Kompressions-Endtemperatur, denn:

▶ Je niedriger die Motordrehzahl, umso geringer ist der Enddruck der Kompression und dementsprechend auch die Endtemperatur (Bild 1). Die Ursache dafür sind Leckageverluste, die an den Kolbenringspalten zwischen Kolben und Zylinderwand auftreten, wegen anfänglich noch fehlender Wärmedehnung sowie des noch nicht ausgebildeten Ölfilms.

Das Maximum der Kompressionstemperatur liegt wegen der Wärmeverluste während der Verdichtung um einige Grad vor OT (thermodynamischer Verlustwinkel, Bild 2).

▶ Bei kaltem Motor ergeben sich während des Verdichtungstakts größere Wärmeverluste über die Brennraumoberfläche. Bei Kammermotoren (IDI) sind diese Verluste wegen der größeren Oberfläche besonders hoch.

▶ Die Triebwerkreibung ist bei niederen Temperaturen aufgrund der höheren Motorölviskosität höher als bei Betriebstemperatur. Dadurch und auch wegen niedriger Batteriespannung werden nur relativ kleine Starterdrehzahlen erreicht.

▶ Bei Kälte ist die Starterdrehzahl wegen der absinkenden Batteriespannung besonders niedrig.

Um während der Startphase die Temperatur im Zylinder zu erhöhen, werden folgende Maßnahmen ergriffen:

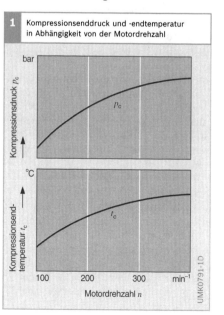

1 Kompressionsenddruck und -endtemperatur in Abhängigkeit von der Motordrehzahl

Kompressionsdruck p_c (bar)
p_c
Kompressionsendtemperatur t_c (°C)
t_c
100   200   300   min⁻¹
Motordrehzahl n

UMK0791-1D

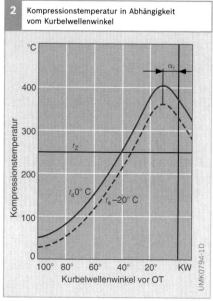

2 Kompressionstemperatur in Abhängigkeit vom Kurbelwellenwinkel

Kompressionstemperatur (°C)
400
300
t_z
200
$t_a 0°$ C
$t_a -20°$ C
100
0
100° 80° 60° 40° 20° KW
Kurbelwellenwinkel vor OT
α_t

UMK0794-1D

Bild 2
t_a Außentemperatur
t_z Zündtemperatur des Dieselkraftstoffs
α_T thermodynamischer Verlustwinkel

$n \approx 200$ min⁻¹

Kraftstoffaufheizung

Mit einer Filter- oder direkten Kraftstoffaufheizung (Bild 3) kann das Ausscheiden von Paraffin-Kristallen bei niedrigen Temperaturen (in der Startphase und bei niedrigen Außentemperaturen) vermieden werden.

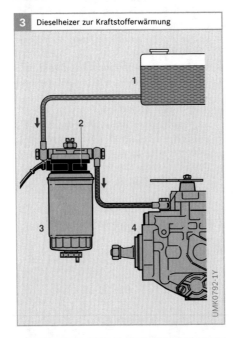

3 Dieselheizer zur Kraftstofferwärmung

Bild 3
1 Kraftstoffbehälter
2 Dieselheizer
3 Kraftstofffilter
4 Einspritzpumpe

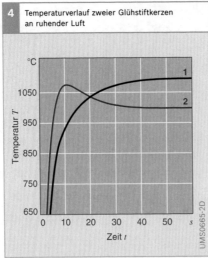

4 Temperaturverlauf zweier Glühstiftkerzen an ruhender Luft

Bild 4
Regelwendelmaterial:
1 Nickel (herkömmliche Glühstiftkerze S-RSK)
2 CoFe-Legierung (Glühkerze der Generation GLP2)

Starthilfesysteme

Bei Direkteinspritzmotoren (DI) für Pkw und bei Kammermotoren (IDI) generell wird in der Startphase das Luft-Kraftstoff-Gemisch im Brennraum (bzw. in der Vor- oder Wirbelkammer) durch Glühstiftkerzen erwärmt. Bei Direkteinspritzmotoren für Nkw wird die Ansaugluft vorgewärmt. Beide Starthilfesysteme dienen der Verbesserung der Kraftstoffverdampfung und Gemischaufbereitung und somit dem sicheren Entflammen des Luft-Kraftstoff-Gemischs.

Glühkerzen neuerer Generation benötigen nur eine Vorglühdauer von wenigen Sekunden (Bild 4) und ermöglichen so einen schnellen Start. Die niedrigere Nachglühtemperatur erlaubt zudem längere Nachglühzeiten. Dies reduziert sowohl die Schadstoff- als auch die Geräuschemissionen in der Warmlaufphase des Motors.

Einspritzanpassung

Eine Maßnahme zur Startunterstützung ist die Zugabe einer Kraftstoff-Startmehrmenge zur Kompensation von Kondensations- und Leckverlusten des kalten Motors und zur Erhöhung des Motordrehmoments in der Hochlaufphase.

Die Frühverstellung des Einspritzbeginns während der Warmlaufphase dient zum Ausgleich des längeren Zündverzugs bei niedrigen Temperaturen und zur Sicherstellung der Zündung im Bereich des oberen Totpunkts, d. h. bei höchster Verdichtungsendtemperatur.

Der optimale Spritzbeginn muss mit enger Toleranz erreicht werden. Zu früh eingespritzter Kraftstoff hat aufgrund des noch zu geringen Zylinderinnendrucks (Kompressionsdruck) eine größere Eindringtiefe und schlägt sich an den kalten Zylinderwänden nieder. Dort verdampft er nur zum geringen Teil, da zu diesem Zeitpunkt die Ladungstemperatur noch niedrig ist.

Bei zu spät eingespritztem Kraftstoff erfolgt die Zündung erst im Expansionshub, und der Kolben wird nur noch wenig beschleunigt oder es kommt zu Verbrennungsaussetzern.

Nulllast

Nulllast bezeichnet alle Betriebszustände des Motors, bei denen der Motor nur seine innere Reibung überwindet. Er gibt kein Drehmoment ab. Die Fahrpedalstellung kann beliebig sein. Alle Drehzahlbereiche bis hin zur Abregeldrehzahl sind möglich.

Leerlauf

Leerlauf bezeichnet die unterste Nulllastdrehzahl. Das Fahrpedal ist dabei nicht betätigt. Der Motor gibt kein Drehmoment ab, er überwindet nur die innere Reibung. In einigen Quellen wird der gesamte Nulllastbereich als Leerlauf bezeichnet. Die obere Nulllastdrehzahl (Abregeldrehzahl) wird dann obere Leerlaufdrehzahl genannt.

Volllast

Bei Volllast ist das Fahrpedal ganz durchgetreten oder die Volllastmengenbegrenzung wird betriebspunktabhängig von der Motorsteuerung geregelt. Die maximal mögliche Kraftstoffmenge wird eingespritzt und der Motor gibt stationär sein maximal mögliches Drehmoment ab. Instationär (ladedruckbegrenzt) gibt der Motor das mit der zur Verfügung stehenden Luft maximal mögliche (niedrigere) Volllast-Drehmoment ab. Alle Drehzahlbereiche von der Leerlaufdrehzahl bis zur Nenndrehzahl sind möglich.

Teillast

Teillast umfasst alle Bereiche zwischen Nulllast und Volllast. Der Motor gibt ein Drehmoment zwischen Null und dem maximal möglichen Drehmoment ab.

Unterer Teillastbereich

In diesem Betriebsbereich sind die Verbrauchswerte im Vergleich zum Ottomotor besonders günstig. Das früher beanstandete „nageln" – besonders bei kaltem Motor – tritt bei Dieselmotoren mit Voreinspritzung praktisch nicht mehr auf.

Die Kompressions-Endtemperatur wird bei niedriger Drehzahl – wie im Abschnitt „Start" beschrieben – und kleiner Last geringer. Im Vergleich zur Volllast ist der Brennraum relativ kalt (auch bei betriebswarmem Motor), da die Energiezufuhr und damit die Temperaturen gering sind. Nach einem Kaltstart erfolgt die Aufheizung des Brennraums bei unterer Teillast nur langsam. Dies trifft insbesondere für Vor- und Wirbelkammermotoren zu, weil bei diesen die Wärmeverluste aufgrund der großen Oberfläche besonders hoch sind.

Bei kleiner Last und bei der Voreinspritzung werden nur wenige mm³ Kraftstoff pro Einspritzung zugemessen. In diesem Fall werden besonders hohe Anforderungen an die Genauigkeit von Einspritzbeginn und Einspritzmenge gestellt. Ähnlich wie beim Start entsteht die benötigte Verbrennungstemperatur auch bei Leerlaufdrehzahl nur in einem kleinen Kolbenhubbereich bei OT. Der Spritzbeginn ist hierauf sehr genau abgestimmt.

Während der Zündverzugsphase darf nur wenig Kraftstoff eingespritzt werden, da zum Zündzeitpunkt die im Brennraum vorhandene Kraftstoffmenge über den plötzlichen Druckanstieg im Zylinder entscheidet. Je höher dieser ist, umso lauter wird das Verbrennungsgeräusch. Eine Voreinspritzung von ca. 1 mm³ (für Pkw) macht den Zündverzug der Haupteinsprit-

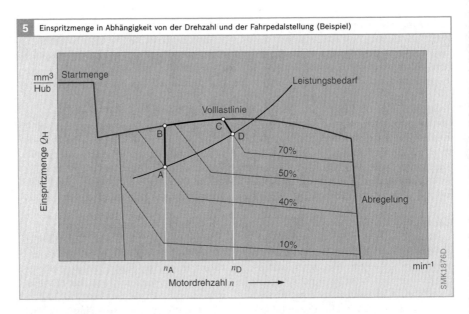

5 Einspritzmenge in Abhängigkeit von der Drehzahl und der Fahrpedalstellung (Beispiel)

zung fast zu Null und verringert damit wesentlich das Verbrennungsgeräusch.

Schubbetrieb
Im Schubbetrieb wir der Motor von außen über den Triebstrang angetrieben (z. B. bei Bergabfahrt). Es wird kein Kraftstoff eingespritzt (Schubabschaltung).

Stationärer Betrieb
Das vom Motor abgegebene Drehmoment entspricht dem über die Fahrpedalstellung angeforderten Drehmoment. Die Drehzahl bleibt konstant.

Instationärer Betrieb
Das vom Motor abgegebene Drehmoment entspricht nicht dem geforderten Drehmoment. Die Drehzahl verändert sich.

Übergang zwischen den Betriebszuständen
Ändert sich die Last, die Motordrehzahl oder die Fahrpedalstellung, verändert der Motor seinen Betriebszustand (z. B. Motordrehzahl, Drehmoment).

Das Verhalten eines Motors kann mit Kennfeldern beschrieben werden. Das Kennfeld in Bild 5 zeigt an einem Beispiel, wie sich die Motordrehzahl ändert, wenn die Fahrpedalstellung von 40 % auf 70 % verändert wird. Ausgehend vom Betriebspunkt A wird über die Volllast (B–C) der neue Teillast-Betriebspunkt D erreicht. Dort sind der Leistungsbedarf und die vom Motor abgegebene Leistung gleich. Die Drehzahl erhöht sich dabei von n_A auf n_D.

Betriebsbedingungen

Der Kraftstoff wird beim Dieselmotor direkt in die hochverdichtete, heiße Luft eingespritzt, an der er sich selbst entzündet. Der Dieselmotor ist daher und wegen des heterogenen Luft-Kraftstoff-Gemischs – im Gegensatz zum Ottomotor – nicht an Zündgrenzen (d. h. bestimmte Luftzahlen λ) gebunden. Deshalb wird die Motorleistung bei konstanter Luftmenge im Motorzylinder nur über die Kraftstoffmenge geregelt.

Das Einspritzsystem muss die Dosierung des Kraftstoffs und die gleichmäßige Verteilung in der ganzen Ladung übernehmen – und dies bei allen Drehzahlen und Lasten sowie abhängig von Druck und Temperatur der Ansaugluft.

Jeder Betriebspunkt benötigt somit
▶ die richtige Kraftstoffmenge,
▶ zur richtigen Zeit,
▶ mit dem richtigen Druck,
▶ im richtigen zeitlichen Verlauf und
▶ an der richtigen Stelle des Brennraums.

Bei der Kraftstoffdosierung müssen zusätzlich zu den Forderungen für die optimale Gemischbildung auch Betriebsgrenzen berücksichtigt werden wie z. B.:
▶ Schadstoffgrenzen (z. B. Rauchgrenze),
▶ Verbrennungsspitzendruckgrenze,
▶ Abgastemperaturgrenze,
▶ Drehzahl- und Volllastgrenze
▶ fahrzeug- und gehäusespezifische Belastungsgrenzen und
▶ Höhen-/Ladedruckgrenzen.

Rauchgrenze
Der Gesetzgeber schreibt Grenzwerte u. a. für die Partikelemissionen und die Abgastrübung vor. Da die Gemischbildung zum großen Teil erst während der Verbrennung abläuft, kommt es zu örtlichen Überfettungen und damit zum Teil auch bei mittlerem Luftüberschuss zu einem Anstieg der Emission von Rußpartikeln. Das an der gesetzlich festgelegten Volllast-Rauchgrenze fahrbare Luft-Kraftstoff-Verhältnis ist ein Maß für die Güte der Luftausnutzung.

Verbrennungsdruckgrenze
Während des Zündvorgangs verbrennt der teilweise verdampfte und mit der Luft vermischte Kraftstoff bei hoher Verdichtung mit hoher Geschwindigkeit und einer hohen ersten Wärmefreisetzungsspitze.

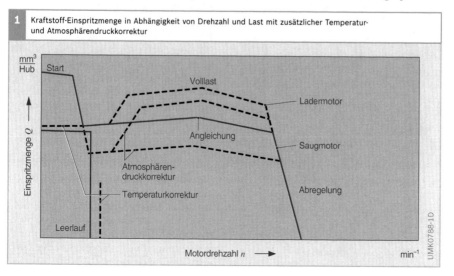

1 Kraftstoff-Einspritzmenge in Abhängigkeit von Drehzahl und Last mit zusätzlicher Temperatur- und Atmosphärendruckkorrektur

Man spricht daher von einer „harten" Verbrennung. Dabei entstehen hohe Verbrennungsspitzendrücke, und die auftretenden Kräfte bewirken periodisch wechselnde Belastungen der Motorbauteile. Dimensionierung und Dauerhaltbarkeit der Motor- und Antriebsstrangkomponenten begrenzen somit den zulässigen Verbrennungsdruck und damit die Einspritzmenge. Dem schlagartigen Anstieg des Verbrennungsdrucks wird meist durch Voreinspritzung entgegengewirkt.

Abgastemperaturgrenze

Eine hohe thermische Beanspruchung der den heißen Brennraum umgebenden Motorbauteile, die Wärmefestigkeit der Auslassventile sowie der Abgasanlage und des Zylinderkopfs bestimmen die Abgastemperaturgrenze eines Dieselmotors.

Drehzahlgrenzen

Wegen des vorhandenen Luftüberschusses beim Dieselmotor hängt die Leistung bei konstanter Drehzahl im Wesentlichen von der Einspritzmenge ab. Wird dem Dieselmotor Kraftstoff zugeführt, ohne dass ein entsprechendes Drehmoment abgenommen wird, steigt die Motordrehzahl. Wird

die Kraftstoffzufuhr vor dem Überschreiten einer kritischen Motordrehzahl nicht reduziert, „geht der Motor durch", d. h., er kann sich selbst zerstören. Eine Drehzahlbegrenzung bzw. -regelung ist deshalb beim Dieselmotor zwingend erforderlich.

Beim Dieselmotor als Antrieb von Straßenfahrzeugen muss die Drehzahl über das Fahrpedal vom Fahrer frei wählbar sein. Bei Belastung des Motors oder Loslassen des Fahrpedals darf die Motordrehzahl nicht unter die Leerlaufgrenze bis zum Stillstand abfallen. Dazu wird ein Leerlauf- und Enddrehzahlregler eingesetzt. Der dazwischen liegende Drehzahlbereich wird über die Fahrpedalstellung geregelt. Vom Dieselmotor als Maschinenantrieb erwartet man, dass auch unabhängig von der Last eine bestimmte Drehzahl konstant gehalten wird bzw. in zulässigen Grenzen bleibt. Dazu werden Alldrehzahlregler eingesetzt, die über den gesamten Drehzahlbereich regeln.

Für den Betriebsbereich eines Motors lässt sich ein Kennfeld festlegen. Dieses Kennfeld (Bild 1, vorherige Seite) zeigt die Kraftstoffmenge in Abhängigkeit von Drehzahl und Last sowie die erforderlichen Temperatur- und Luftdruckkorrekturen.

Höhen-/Ladedruckgrenzen

Die Auslegung der Einspritzmengen erfolgt üblicherweise für Meereshöhe (NN). Wird der Motor in großen Höhen über NN betrieben, muss die Kraftstoffmenge entsprechend dem Abfall des Luftdrucks angepasst werden, um die Rauchgrenze einzuhalten. Als Richtwert gilt nach der barometrischen Höhenformel eine Luftdichteverringerung von 7 % pro 1000 m Höhe.

Bei aufgeladenen Motoren ist die Zylinderfüllung im dynamischen Betrieb oft geringer als im stationären Betrieb. Da die maximale Einspritzmenge auf den stationären Betrieb ausgelegt ist, muss sie im dynamischen Betrieb entsprechend der geringeren Luftmenge reduziert werden (ladedruckbegrenzte Volllast).

2 Entwicklung von Dieselmotoren eines Mittelklasse-Pkw

Motorvarianten
- ■ Drehmoment größter Motor [Nm]
- □ Drehmoment kleinster Motor [Nm]
- ▨ Nennleistung größter Motor [kW]
- □ Nennleistung kleinster Motor [kW]

Baujahr	1953	1961	1968	1976	1984	1995	2000
			126	172	185		470
	101	118	113	113	123	150	250
						145	210
	30	44	59	80	100	75	
		40	40	40	53	70	

NMM0616D

Einspritzsystem

Die Niederdruck-Kraftstoffversorgung fördert den Kraftstoff aus dem Tank und stellt ihn dem Einspritzsystem mit einem bestimmten Versorgungsdruck zur Verfügung. Die Einspritzpumpe erzeugt den für die Einspritzung erforderlichen Kraftstoffdruck. Der Kraftstoff gelangt bei den meisten Systemen über Hochdruckleitungen zur Einspritzdüse und wird mit einem düsenseitigen Druck von 200...2200 bar in den Brennraum eingespritzt.

Die vom Motor abgegebene Leistung, aber auch das Verbrennungsgeräusch und die Zusammensetzung des Abgases werden wesentlich beeinflusst durch die eingespritzte Kraftstoffmasse, den Einspritzzeitpunkt und den Einspritz- bzw. Verbrennungsverlauf.

Bis in die 1980er-Jahre wurde die Einspritzung, d. h. die Einspritzmenge und der Einspritzbeginn, bei Fahrzeugmotoren ausschließlich mechanisch geregelt. Dabei wird die Einspritzmenge über eine Steuerkante am Kolben oder über Schieber je nach Last und Drehzahl variiert. Der Spritzbeginn wird bei mechanischer Regelung über Fliehgewichtsregler oder hydraulisch über Drucksteuerung verstellt.

Heute hat sich – nicht nur im Fahrzeugbereich – die elektronische Regelung weitestgehend durchgesetzt. Die Elektronische Dieselregelung (EDC, Electronic Diesel Control) berücksichtigt bei der Berechnung der Einspritzung verschiedene Größen wie Motordrehzahl, Last, Temperatur, geografische Höhe usw. Die Regelung von Einspritzbeginn und -menge erfolgt über Magnetventile und ist wesentlich präziser als die mechanische Regelung.

▶ **Größenordnungen der Einspritzung**

Ein Motor mit 75 kW (102 PS) Leistung und einem spezifischen Kraftstoffverbrauch von 200 g/kWh (Volllast) verbraucht 15 kg Kraftstoff pro Stunde. Bei einem Viertakt-Vierzylindermotor verteilt sich die Menge bei 2400 Umdrehungen pro Minute auf 288000 Einspritzungen. Daraus ergibt sich pro Einspritzung ein Kraftstoffvolumen von ca. 60 mm³. Im Vergleich dazu weist ein Regentropfen ein Volumen von ca. 30 mm³ auf.

Noch größere Genauigkeit der Dosierung erfordern der Leerlauf mit ca. 5 mm³ Kraftstoff pro Einspritzung und die Voreinspritzung mit nur 1 mm³. Bereits kleinste Abweichungen wirken sich negativ auf die Laufruhe und auf die Geräusch- und Schadstoffemissionen aus.

Die exakte Dosierung muss das Einspritzsystem sowohl für einen Zylinder als auch für die gleichmäßige Verteilung des Kraftstoffs auf die einzelnen Zylinder eines Motors vornehmen. Die Elektronische Dieselregelung (EDC) passt die Einspritzmenge für jeden Zylinder an, um so einen besonders gleichmäßigen Motorlauf zu erzielen.

Brennräume

Die Form des Brennraums ist mit entscheidend für die Güte der Verbrennung und somit für die Leistung und das Abgasverhalten des Dieselmotors. Die Brennraumform kann bei geeigneter Gestaltung mithilfe der Kolbenbewegung Drall-, Quetschund Turbulenzströmungen erzeugen, die zur Verteilung des flüssigen Kraftstoffs oder des Luft-Kraftstoffdampf-Strahls im Brennraum genutzt werden.

Folgende Verfahren kommen zur Anwendung:
▸ ungeteilter Brennraum (Direct Injection Engine, DI, Direkteinspritzmotoren) und
▸ geteilter Brennraum (Indirect Injection Engine, IDI, Kammermotoren).

Der Anteil der DI-Motoren nimmt wegen ihres günstigeren Kraftstoffverbrauchs (bis zu 20 % Einsparung) immer mehr zu. Das härtere Verbrennungsgeräusch (vor allem bei der Beschleunigung) kann mit einer Voreinspritzung auf das niedrigere Geräuschniveau von Kammermotoren gebracht werden. Motoren mit geteilten Brennräumen kommen bei Neuentwicklungen kaum mehr in Betracht.

Ungeteilter Brennraum (Direkteinspritzverfahren)

Direkteinspritzmotoren (Bild 1) haben einen höheren Wirkungsgrad und arbeiten wirtschaftlicher als Kammermotoren. Sie kommen daher bei allen Nkw und bei den meisten neueren Pkw zum Einsatz.

Beim Direkteinspritzverfahren wird der Kraftstoff direkt in den im Kolben eingearbeiteten Brennraum (Kolbenmulde, 2) eingespritzt. Die Kraftstoffzerstäubung, -erwärmung, -verdampfung und die Vermischung mit der Luft müssen daher in einer kurzen zeitlichen Abfolge stehen. Dabei werden an die Kraftstoff- und an die Luftzuführung hohe Anforderungen gestellt.

Während des Ansaug- und Verdichtungstakts wird durch die besondere Form des Ansaugkanals im Zylinderkopf ein Luftwirbel im Zylinder erzeugt. Auch die Gestaltung des Brennraums trägt zur Luftbewegung am Ende des Verdichtungshubs (d. h. zu Beginn der Einspritzung) bei. Von den im Lauf der Entwicklung des Dieselmotors angewandten Brennraumformen findet gegenwärtig die ω-Kolbenmulde die breiteste Verwendung.

Neben einer guten Luftverwirbelung muss auch der Kraftstoff räumlich gleichmäßig verteilt zugeführt werden, um eine schnelle Vermischung zu erzielen. Beim Direkteinspritzverfahren kommt eine Mehrlochdüse zur Anwendung, deren Strahllage in Abstimmung mit der Brennraumauslegung optimiert ist. Der Einspritzdruck beim Direkteinspritzverfahren ist sehr hoch (bis zu 2200 bar).

In der Praxis gibt es bei der Direkteinspritzung zwei Methoden:
▸ Unterstützung der Gemischaufbereitung durch gezielte Luftbewegung und
▸ Beeinflussung der Gemischaufbereitung nahezu ausschließlich durch die Kraftstoffeinspritzung unter weitgehendem Verzicht auf eine Luftbewegung.

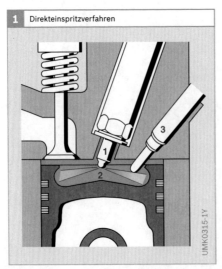

1 Direkteinspritzverfahren

UMK0315-1Y

Bild 1
1 Mehrlochdüse
2 ω-Kolbenmulde
3 Glühstiftkerze

Im zweiten Fall ist keine Arbeit für die Luftverwirbelung aufzuwenden, was sich in geringerem Gaswechselverlust und besserer Füllung bemerkbar macht. Gleichzeitig aber bestehen erheblich höhere Anforderungen an die Einspritzausrüstung bezüglich Lage der Einspritzdüse, Anzahl der Düsenlöcher, Feinheit der Zerstäubung (abhängig vom Spritzlochdurchmesser) und Höhe des Einspritzdrucks, um die erforderliche kurze Einspritzdauer und eine gute Gemischbildung zu erreichen.

Geteilter Brennraum (indirekte Einspritzung)

Dieselmotoren mit geteiltem Brennraum (Kammermotoren) hatten lange Zeit Vorteile bei den Geräusch- und Schadstoffemissionen gegenüber den Motoren mit Direkteinspritzung. Sie wurden deshalb bei Pkw und leichten Nkw eingesetzt. Heute arbeiten Direkteinspritzmotoren jedoch durch den hohen Einspritzdruck, die elektronische Dieselregelung und die Voreinspritzung sparsamer als Kammermotoren und mit vergleichbaren Geräuschemissionen. Deshalb kommen Kammermotoren bei Fahrzeugneuentwicklungen nicht mehr zum Einsatz.

Man unterscheidet zwei Verfahren mit geteiltem Brennraum:
▶ Vorkammerverfahren und
▶ Wirbelkammerverfahren.

Vorkammerverfahren

Beim Vorkammerverfahren wird der Kraftstoff in eine heiße, im Zylinderkopf angebrachte Vorkammer eingespritzt (Bild 2, Pos. 2). Die Einspritzung erfolgt dabei mit einer Zapfendüse (1) unter relativ niedrigem Druck (bis 450 bar). Eine speziell gestaltete Prallfläche (3) in der Kammermitte zerteilt den auftreffenden Strahl und vermischt ihn intensiv mit der Luft.

Die in der Vorkammer einsetzende Verbrennung treibt das teilverbrannte Luft-Kraftstoff-Gemisch durch den Strahlkanal (4) in den Hauptbrennraum. Hier findet während der weiteren Verbrennung eine intensive Vermischung mit der vorhandenen Luft statt. Das Volumenverhältnis zwischen Vorkammer und Hauptbrennraum beträgt etwa 1:2.

Der kurze Zündverzug[1]) und die abgestufte Energiefreisetzung führen zu einer weichen Verbrennung mit niedriger Geräuschentwicklung und Motorbelastung.

[1]) Zeit von Einspritzbeginn bis Zündbeginn

Eine geänderte Vorkammerform mit Verdampfungsmulde sowie eine geänderte Form und Lage der Prallfläche (Kugelstift) geben der Luft, die beim Komprimieren aus dem Zylinder in die Vorkammer strömt, einen vorgegebenen Drall. Der Kraftstoff wird unter einem Winkel von 5 Grad zur Vorkammerachse eingespritzt.

Um den Verbrennungsablauf nicht zu stören, sitzt die Glühstiftkerze (5) im „Abwind" des Luftstroms. Ein gesteuertes Nachglühen bis zu 1 Minute nach dem Kaltstart (abhängig von der Kühlwassertemperatur) trägt zur Abgasverbesserung und Geräuschminderung in der Warmlaufphase bei.

2 Vorkammerverfahren

UMK0313-1Y

Bild 2
1 Einspritzdüse
2 Vorkammer
3 Prallfläche
4 Strahlkanal
5 Glühstiftkerze

Wirbelkammerverfahren

Bei diesem Verfahren wird die Verbrennung ebenfalls in einem Nebenraum (Wirbelkammer) eingeleitet, der ca. 60 % des Kompressionsvolumens umfasst. Die kugel- oder scheibenförmige Wirbelkammer ist über einen tangential einmündenden Schusskanal mit dem Zylinderraum verbunden (Bild 3, Pos. 2).

Während des Verdichtungstakts wird die über den Schusskanal eintretende Luft in eine Wirbelbewegung versetzt. Der Kraftstoff wird so eingespritzt, dass er den Wirbel senkrecht zu seiner Achse durchdringt und auf der gegenüberliegenden Kammerseite in einer heißen Wandzone auftrifft.

Mit Beginn der Verbrennung wird das Luft-Kraftstoff-Gemisch durch den Schusskanal in den Zylinderraum gedrückt und mit der dort noch vorhandenen restlichen Verbrennungsluft stark verwirbelt. Beim Wirbelkammerverfahren sind die Strömungsverluste zwischen dem Hauptbrennraum und der Nebenkammer geringer als beim Vorkammerverfahren, da der Überströmquerschnitt größer ist. Dies führt zu geringeren Drosselverlusten mit entsprechendem Vorteil für den inneren Wirkungsgrad und den Kraftstoffverbrauch. Das Verbrennungsgeräusch ist jedoch lauter als beim Vorkammerverfahren.

Es ist wichtig, dass die Gemischbildung möglichst vollständig in der Wirbelkammer erfolgt. Die Gestaltung der Wirbelkammer, die Anordnung und Gestalt des Düsenstrahls und auch die Lage der Glühkerze müssen sorgfältig auf den Motor abgestimmt sein, um bei allen Drehzahlen und Lastzuständen eine gute Gemischaufbereitung zu erzielen.

Eine weitere Forderung ist das schnelle Aufheizen der Wirbelkammer nach dem Kaltstart. Damit reduziert sich der Zündverzug und es entstehen geringere Verbrennungsgeräusche und beim Warmlauf keine unverbrannten Kohlenwasserstoffe (Blaurauch) im Abgas.

3 Wirbelkammerverfahren

UMK0314-1Y

Bild 3
1 Einspritzdüse
2 tangentialer Schusskanal
3 Glühstiftkerze

▶ M-Verfahren

Beim Direkteinspritzverfahren mit Muldenwandanlagerung (M-Verfahren) für Nkw- und Stationärdieselmotoren sowie Vielstoffmotoren spritzt eine Einstrahldüse den Kraftstoff mit geringem Einspritzdruck gezielt auf die Wandung im Brennraum. Hier verdampft er und wird von der Luft abgetragen. So nutzt dieses Verfahren die Wärme der Muldenwand für die Verdampfung des Kraftstoffs. Bei richtiger Abstimmung der Luftbewegung im Brennraum lassen sich sehr homogene Luft-Kraftstoff-Gemische mit langer Brenndauer, geringem Druckanstieg und damit geräuscharmer Verbrennung erzielen. Wegen seines Verbrauchsnachteils gegenüber dem Luft verteilenden Direkteinspritzverfahren wird das M-Verfahren heute nicht mehr eingesetzt.

UMK0786-1Y

▶ Diesel-Einspritz-Geschichte(n)

Ende 1922 begann bei Bosch die Entwicklung eines Einspritzsystems für Dieselmotoren. Die technischen Voraussetzungen waren günstig: Bosch verfügte über Erfahrungen mit Verbrennungsmotoren, die Fertigungstechnik war hoch entwickelt und vor allem konnten Kenntnisse, die man bei der Fertigung von Schmierpumpen gesammelt hatte, eingesetzt werden. Dennoch war dies für Bosch ein großes Wagnis, da es viele Aufgaben zu lösen gab.

1927 wurden die ersten Einspritzpumpen in Serie hergestellt. Die Präzision dieser Pumpen war damals einmalig. Sie waren klein, leicht und ermöglichten höhere Drehzahlen des Dieselmotors. Diese Reiheneinspritzpumpen wurden ab 1932 in Nkw und ab 1936 auch in Pkw eingesetzt. Die Entwicklung des Dieselmotors und der Einspritzanlagen ging seither unaufhörlich weiter.

Im Jahr 1962 gab die von Bosch entwickelte Verteilereinspritzpumpe mit automatischem Spritzversteller dem Dieselmotor neuen Auftrieb. Mehr als zwei Jahrzehnte später folgte die von Bosch in langer Forschungsarbeit zur Serienreife gebrachte elektronische Regelung der Dieseleinspritzung.

Die immer genauere Dosierung kleinster Kraftstoffmengen zum exakt richtigen Zeitpunkt und die Steigerung des Einspritzdrucks ist eine ständige Herausforderung für die Entwickler. Dies führte zu vielen neuen Innovationen bei den Einspritzsystemen (siehe Bild).

In Verbrauch und Ausnutzung des Kraftstoffs ist der Selbstzünder nach wie vor benchmark (d. h., er setzt den Maßstab).

Neue Einspritzsysteme halfen weiteres Potenzial zu heben. Zusätzlich wurden die Motoren ständig leistungsfähiger, während die Geräusch- und Schadstoffemissionen weiter abnahmen!

▶ Meilensteine der Dieseleinspritzung

1927
Erste Serien-
Reiheneinspritzpumpe

1962
Erste Axialkolben-
Verteilereinspritzpumpe
EP-VM

1986
Erste elektronisch
geregelte Axialkolben-
Verteilereinspritzpumpe
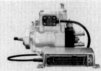

1994
Erstes Unit Injector System
für Nkw

1995
Erstes Unit Pump System

1996
Erste Radialkolben-
Verteilereinspritz-
pumpe

1997
Erstes Speicher-
einspritzsystem
Common Rail

1998
Erstes Unit Injector System
für Pkw

UMK1753D

Kraftstoffe

Dieselkraftstoffe werden durch stufenweise Destillation aus Rohöl gewonnen. Sie bestehen aus einer Vielzahl einzelner Kohlenwasserstoffe, die etwa zwischen 180 °C und 370 °C sieden. Dieselkraftstoff zündet im Mittel mit ca. 350 °C (untere Grenze 220 °C) im Vergleich zum Ottokraftstoff (im Mittel 500 °C) sehr früh.

Dieselkraftstoff

Um den wachsenden Bedarf an Dieselkraftstoffen zu decken, setzen die Raffinerien in zunehmendem Maße den Dieselkraftstoffen auch Konversionsprodukte, d. h. thermische und katalytische Crack-Komponenten, zu. Diese werden aus Schwerölen durch Aufspalten der großen Moleküle gewonnen.

Qualität und Kenngrößen

In Europa gilt als Anforderungsnorm für Dieselkraftstoffe die EN 590. Die wichtigsten Kenngrößen zeigt Tabelle 1. Die Festlegung von Grenzwerten soll dazu dienen, einen reibungslosen Fahrbetrieb sicherzustellen und Schadstoffe zu limitieren.

Andere Staaten und Regionen haben weniger strenge Kraftstoffnormen. Zum Beispiel schreibt die US-Norm für Dieselkraftstoffe ASTM D975 weniger Qualitätskriterien vor und legt Grenzwerte weniger eng fest. Auch die Anforderungen an Kraftstoffe für Schiffs- und Stationärmotoren sind weit geringer.

Dieselkraftstoff mit hoher Qualität zeichnet sich durch folgende Merkmale aus:
▶ hohe Cetanzahl,
▶ relativ niedriges Siedeende,
▶ Dichte und Viskosität mit geringer Streuung,
▶ niedriger Aromaten- und insbesondere Polyaromatengehalt sowie
▶ niedriger Schwefelgehalt.

Für eine lange Lebensdauer und gleich bleibende Funktion der Einspritzsysteme sind außerdem besonders wichtig:

1	Europäische Norm EN 590: Ausgewählte Anforderungen an Dieselkraftstoffe (bei klimatisch abhängigen Anforderungen Werte für gemäßigtes Klima)	
Kriterium	**Kenngröße**	**Einheit**
Cetanzahl	≥51	–
Cetanindex	≥46	–
CFPP[1]) in sechs jahreszeitlichen Klassen, max.	+5...−20[2])	°C
Flammpunkt	≥55	°C
Dichte bei 15 °C	820...845	kg/m³
Viskosität bei 40 °C	2,00...4,50	mm²/s
Schmierfähigkeit	≤460	µm (wear scar diameter)
Schwefelgehalt[3])	≤350 (bis 31.12.2004); ≤50 (schwefelarm, ab 2005–2008); ≤10 (schwefelfrei, ab 2009)[4])	mg/kg
Wassergehalt	≤200	mg/kg
Gesamtverschmutzung	≤24	mg/kg
FAME-Gehalt	≤5	Vol.-%

[1]) Grenzwert der Filtrierbarkeit
[2]) wird national festgelegt, für Deutschland 0...−20 °C
[3]) In Deutschland wird schwefelfreier Kraftstoff seit 2003 und in der EU ab 2005 flächendeckend angeboten.
[4]) EU-Vorschlag

Tabelle 1

▶ gute Schmierfähigkeit,
▶ kein freies Wasser und
▶ eine Begrenzung der Verschmutzung mit Partikeln

Die wichtigsten Kenngrößen im Einzelnen sind:

Cetanzahl, Cetanindex

Die Cetanzahl (CZ) beschreibt die Zündwilligkeit des Dieselkraftstoffs. Sie liegt umso höher, je leichter sich der Kraftstoff entzündet. Da der Dieselmotor ohne Fremdzündung arbeitet, muss der Kraftstoff nach dem Einspritzen in die heiße, komprimierte Luft im Brennraum nach einer möglichst kurzen Zeit (Zündverzug) die Selbstzündung einleiten.

Dem sehr zündwilligen n-Hexadekan (Cetan) wird die Cetanzahl 100, dem zündträgen Methylnaphthalin die Cetanzahl 0 zugeordnet. Die Cetanzahl eines Dieselkraftstoffs wird im genormten CFR[1]-Einzylinder-Prüfmotor mit variablem Kompressionskolben bestimmt. Bei konstantem Zündverzug wird das Verdichtungsverhältnis ermittelt. Vergleichskraftstoffe aus Cetan und α-Methylnaphthalin (Bild 1) werden mit dem ermittelten Verdichtungsverhältnis betrieben. Das Mischungsverhältnis wird so lange verändert, bis sich der gleiche Zündverzug ergibt. Definitionsgemäß gibt der Cetananteil die Cetanzahl an. Beispiel: Eine Mischung aus 52 % Cetan und 48 % α-Methylnaphthalin hat die Cetanzahl 52.

Für den optimalen Betrieb moderner Motoren (Laufruhe, Schadstoffemission) sind Cetanzahlen größer als 50 wünschenswert. Hochwertige Dieselkraftstoffe enthalten einen hohen Anteil an Paraffinen mit hohen CZ-Werten. Aromaten hingegen reduzieren die Zündwilligkeit.

Eine weitere Kenngröße für die Zündwilligkeit ist der Cetanindex, der sich aus der Dichte des Kraftstoffs und aus Punkten der Siedekennlinie errechnen lässt. Diese rein rechnerische Größe berücksichtigt

nicht den Einfluss von Zündverbesserern auf die Zündwilligkeit. Um das Einstellen der Cetanzahl über Zündverbesserer zu begrenzen, wurden in der EN 590 sowohl die Cetanzahl als auch der Cetanindex in die Anforderungsliste aufgenommen. Kraftstoffe, deren Cetanzahl mit Zündverbesserern erhöht wurde, verhalten sich bei der motorischen Verbrennung anders als Kraftstoffe mit gleich hoher natürlicher Cetanzahl.

Siedebereich

Der Siedebereich des Kraftstoffs, d. h. der Temperaturbereich, in dem der Kraftstoff verdampft, hängt von seiner Zusammensetzung ab.

Ein niedriger Siedebeginn führt zu einem kältegeeigneten Kraftstoff, aber auch zu niedrigen Cetanzahlen und schlechten Schmiereigenschaften. Dadurch erhöht sich die Verschleißgefahr für die Einspritzaggregate.

Liegt hingegen das Siedeende bei hohen Temperaturen, kann dies zu erhöhter Rußbildung und Düsenverkokung führen (Ablagerungsbildung durch chemische Zersetzung schwerflüchtiger Kraftstoffkomponenten an der Düsenkuppe und Anlagerung von Verbrennungsrückständen). Deshalb sollte das Siedeende nicht zu hoch

[1] Cooperative Fuel Research

1 Vergleichskraftstoffe zur Cetanzahlmessung

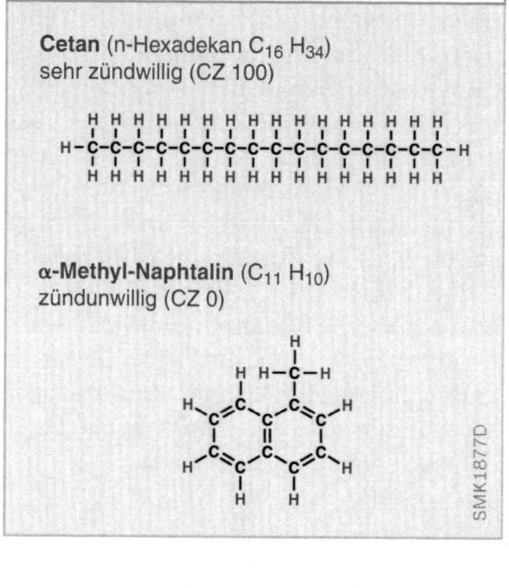

Cetan (n-Hexadekan $C_{16}H_{34}$) sehr zündwillig (CZ 100)

α-Methyl-Naphtalin ($C_{11}H_{10}$) zündunwillig (CZ 0)

Bild 1
C Kohlenstoff
H Wasserstoff
— chemische Bindung

liegen. Die Forderung des Verbands der europäischen Kraftfahrzeughersteller (ACEA) liegt bei 350 °C.

Grenzwert der Filtrierbarkeit (Kälteverhalten)

Durch Ausscheidung von Paraffinkristallen kann es bei tiefen Temperaturen zur Verstopfung des Kraftstofffilters und dadurch zu einer Unterbrechung der Kraftstoffzufuhr kommen. Der Beginn der Paraffinausscheidung kann in ungünstigen Fällen schon bei ca. 0 °C oder darüber einsetzen. Die Kältefestigkeit eines Kraftstoffs wird anhand des „Grenzwertes der Filtrierbarkeit" (CFPP: Cold Filter Plugging Point, d. h. Filterverstopfungspunkt bei Kälte) beurteilt.

In der EN 590 ist der CFPP in verschiedenen Klassen definiert, die die einzelnen Staaten abhängig von den geografischen und klimatischen Bedingungen festlegen können.

Früher wurde dem Dieselkraftstoff zur Verbesserung der Kältefestigkeit im Fahrzeugtank gelegentlich etwas Ottokraftstoff zugemischt. Dies ist bei Vorliegen normgerechter Kraftstoffe nicht mehr notwendig und würde darüber hinaus beim Auftreten von Schäden zum Verlust sämtlicher Garantieansprüche führen.

Flammpunkt

Unter Flammpunkt versteht man die Temperatur, bei der eine brennbare Flüssigkeit gerade so viel Dampf an die umgebende Luft abgibt, dass eine Zündquelle das über der Flüssigkeit stehende Luft-Dampf-Gemisch entflammen kann. Aus Sicherheitsgründen (z. B. für Transport und Lagerung) soll der Dieselkraftstoff der Gefahrklasse A III angehören, d. h., der Flammpunkt liegt bei über 55 °C. Bereits ein Anteil von weniger als 3 % Ottokraftstoff im Dieselkraftstoff kann den Flammpunkt so stark herabsetzen, dass eine Entflammung bei Zimmertemperatur möglich ist.

Dichte

Der Energieinhalt des Dieselkraftstoffs pro Volumeneinheit nimmt mit steigender Dichte zu. Wenn bei gleich bleibender Einstellung der Einspritzpumpe (d. h. bei konstanter Volumenzumessung) Kraftstoffe mit stark verschiedenen Dichten eingesetzt werden, führt dies wegen der Heizwertschwankung zur Gemischverschiebung.

Beim Betrieb mit sortenabhängig höherer Kraftstoffdichte nehmen Motorleistung und Rußemission zu; bei abnehmender Dichte nehmen sie ab. Daher wird eine geringe sortenabhängige Dichte-Streuung für Dieselkraftstoff gefordert.

Viskosität

Die Viskosität ist ein Maß für die Zähflüssigkeit des Kraftstoffs, d. h. für den Widerstand, der beim Fließen aufgrund von innerer Reibung auftritt. Eine zu niedrige Viskosität des Dieselkraftstoffs führt zu erhöhten Leckverlusten in der Einspritzpumpe und damit zu Leistungsmangel.

Eine deutlich höhere Viskosität – etwa bei Einsatz von FAME (Bio-Diesel) – führt in nicht druckgeregelten Systemen (z. B. Pumpe-Düse-Einheit) bei hohen Temperaturen zur Erhöhung des Spitzendrucks. Mineralöl-Diesel darf deshalb in diesen Systemen nicht auf den maximal zulässigen Systemdruck appliziert werden. Eine hohe Viskosität führt außerdem zur Veränderung des Spraybilds wegen Bildung größerer Tröpfchen.

Schmierfähigkeit („lubricity")

Um den Dieselkraftstoff zu entschwefeln, wird er hydriert. Dieser Hydrierungsprozess entfernt neben dem Schwefel auch polare Kraftstoffkomponenten, die gut schmieren. Nach der Einführung entschwefelter Dieselkraftstoffe kam es in der Praxis aufgrund mangelhafter Schmierfähigkeit zu Verschleißproblemen an Verteilereinspritzpumpen. Deshalb werden Dieselkraftstoffe mit Schmierfähigkeitsverbesserern versetzt.

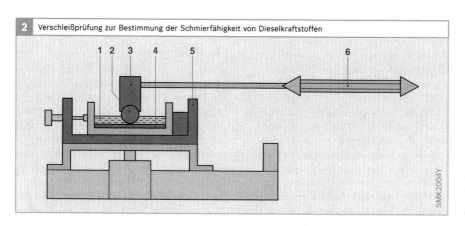

2   Verschleißprüfung zur Bestimmung der Schmierfähigkeit von Dieselkraftstoffen

SMK2004Y

Bild 2
1   Kraftstoff-Bad
2   Prüfkugel
3   eingeleitete
    Belastung
4   Prüfscheibe
5   Vorrichtung
    zur Erwärmung
6   Schwingbewegung

Die Schmierfähigkeit wird in einem Schwingverschleiß-Test (HFRR-Methode: High Frequency Reciprocating Rig) gemessen. Eine fest eingespannte Stahlkugel wird dazu unter Kraftstoff mit hoher Frequenz auf einer Platte geschliffen. Die Größe der entstehenden Abplattung, d. h. der „Verschleißkalotten"-Durchmesser der Stahlkugel (WSD: Wear Scar Diameter, gemessen in μm), dient zur Angabe des Verschleißes und damit als Maß für die Schmierfähigkeit des Kraftstoffs.

Dieselkraftstoffe nach EN 590 müssen einen WSD ≤ 460 μm aufweisen.

Schwefelgehalt

Abhängig von der Rohölqualität und den zu ihrer Aufmischung eingesetzten Komponenten enthalten Dieselkraftstoffe Schwefel in chemisch gebundener Form. Besonders Crack-Komponenten haben meist hohe Schwefelgehalte. Zur Entschwefelung des Kraftstoffs wird der Schwefel aus dem Mitteldestillat in Anwesenheit eines Katalysators bei hohem Druck und hoher Temperatur durch Wasserstoffbehandlung entzogen (Hydrierung). Bei diesem Verfahren bildet sich zunächst Schwefelwasserstoff (H_2S), der danach in elementaren Schwefel umgewandelt wird.

Seit Anfang 2000 erlaubt die EN 590 maximal 350 mg/kg Schwefel im Dieselkraftstoff. Seit 2005 müssen europaweit alle Otto- und Dieselkraftstoffe mindestens schwefelarm (Schwefelgehalt < 50 mg/kg) sein. Ab 2009 sollen nur noch schwefelfreie Kraftstoffe (Schwefelgehalt < 10 mg/kg) verwendet werden.

Seit 2003 wird in Deutschland eine Strafsteuer auf schwefelhaltige Kraftstoffe erhoben. Daher gibt es auf dem deutschen Markt nur noch schwefelfreien Dieselkraftstoff, wodurch sowohl die direkten SO_2-Emissionen (Schwefeldioxid) als auch die emittierte Partikelmasse (am Ruß angelagertes Sulfat) gesenkt werden.

Systeme zur Abgasnachbehandlung wie NO_X- und Partikelfilter verwenden Katalysatoren. Sie müssen mit schwefelfreiem Kraftstoff betrieben werden, da Schwefel zur Vergiftung der aktiven Katalysatoroberfläche führt.

Verkokungsneigung

Die Verkokungsneigung ist ein Maß für die Tendenz der Kraftstoffe Ablagerungen an den Einspritzdüsen zu bilden. Die Vorgänge bei der Verkokung sind sehr komplex. Vor allem Komponenten, die der Dieselkraftstoff im Siedeende (besonders aus Crack-Anteilen) enthält, tragen zur Verkokung bei.

Gesamtverschmutzung

Als Gesamtverschmutzung bezeichnet man die Summe der ungelösten Fremdstoffe im Kraftstoff, wie z. B. Sand, Rost und ungelöste organische Bestandteile, zu denen auch Alterungspolymere gehören. Die EN 590 lässt maximal 24 mg/kg zu. Insbesondere die sehr harten Silikate, die im mineralischen Staub vorkommen, sind für die mit engen Spaltbreiten gefertigten Hochdruckeinspritzsysteme schädlich. Schon ein Bruchteil des zulässigen Gesamtwertes dieser harten Partikel kann Erosiv- und Abrasivverschleiß auslösen (z. B. am Sitz von Magnetventilen). Durch den Verschleiß können Undichtheiten entstehen, die ein Absinken des Einspritzdrucks und der Motorleistung bzw. eine Zunahme der Motor-Partikelemissionen zur Folge haben.

Typische europäische Dieselkraftstoffe enthalten um die 100 000 Partikel pro 100 ml. Partikelgrößen von 6 bis 7 μm sind besonders kritisch. Leistungsfähige Kraftstofffilter mit sehr gutem Abscheidegrad können dazu beitragen, Schäden durch Partikel zu vermeiden.

Wasser im Dieselkraftstoff

Dieselkraftstoff kann ca. 100 mg/kg Wasser aufnehmen. Die Löslichkeitsgrenze wird von der Zusammensetzung des Dieselkraftstoffs und der Umgebungstemperatur bestimmt.

Die EN 590 lässt einen maximalen Wassergehalt von 200 mg/kg zu. Obwohl in vielen Staaten deutlich höhere Mengen an Wasser im Dieselkraftstoff vorkommen, zeigen Marktuntersuchungen von Kraftstoffen selten Wassergehalte über 200 mg/kg. Meist wird das vorhandene Wasser nicht oder nur unvollständig bei der Probenahme erfasst, weil es als nicht gelöstes, „freies" Wasser an Wandungen abgeschieden wird oder sich als separate Phase am Boden absetzt. Während gelöstes Wasser dem Einspritzsystem nicht schadet, kann freies Wasser schon in sehr geringer Menge bereits nach kurzer Zeit Schäden an Einspritzpumpen hervorrufen.

Wassereintrag in den Kraftstoffbehälter infolge von Kondensation aus der Luft kann nicht verhindert werden. Daher werden Wasserabscheider in bestimmten Regionen vorgeschrieben. Ferner muss der Fahrzeughersteller die Tankentlüftung und den Tankstutzen konstruktiv so gestalten, dass ein zusätzlicher Wassereintrag ausgeschlossen wird.

▶ Kenngrößen von Kraftstoffen

Heizwert, Brennwert

Für den Energieinhalt von Kraftstoffen wird üblicherweise der spezifische Heizwert H_U (früher: *unterer Heizwert*) angegeben. Der spezifische Brennwert H_O (früher: *oberer Heizwert* oder *Verbrennungswärme*) liegt für Kraftstoffe, in deren Verbrennungsprodukten Wasserdampf auftritt, höher als der Heizwert, da der Brennwert auch die im Wasserdampf gebundene Wärme (latente Wärme) berücksichtigt. Dieser Anteil wird im Fahrzeug jedoch nicht genutzt. Der spezifische Heizwert von Dieselkraftstoff beträgt 42,5 MJ/kg.

Sauerstoffhaltige Kraftstoffe (Oxigenates) wie Alkohole, Ether oder Fettsäuremethylester haben einen geringeren Heizwert als reine Kohlenwasserstoffe, weil der in ihnen gebundene Sauerstoff nicht an der Verbrennung teilnimmt. Um eine den Oxigenate-freien Kraftstoffen vergleichbare Leistung zu erzielen, wird mehr Kraftstoff benötigt.

Gemischheizwert

Der Heizwert des brennbaren Luft-Kraftstoff-Gemischs bestimmt die Leistung des Motors. Er ist bei gleichem stöchiometrischem Verhältnis für alle flüssigen Kraftstoffe und Flüssiggase nahezu gleich groß (ca. 3,5...3,7 MJ/m³).

Additive

Die Zugabe von Additiven zur Qualitätsverbesserung hat sich auch bei Dieselkraftstoffen weitgehend durchgesetzt.
Dabei kommen meist Additivpakete zur
Anwendung, die eine vielfältige Wirkung
haben. Die Gesamtkonzentration der
Additive liegt i. Allg. < 0,1 %, sodass die
physikalischen Kenngrößen der Kraftstoffe wie Dichte, Viskosität und Siede-
verlauf nicht verändert werden.

Schmierfähigkeitsverbesserer

Eine Verbesserung der Schmierfähigkeit
von Dieselkraftstoffen mit schlechten
Schmiereigenschaften kann durch Zugabe
von Fettsäuren, Fettsäureestern oder
Glycerinen erreicht werden. Auch Bio-
Diesel ist ein Fettsäureester. Deshalb wird
Dieselkraftstoff, wenn er bereits einen
Anteil an Bio-Diesel enthält, nicht noch
zusätzlich mit Schmierfähigkeitsverbes-
serern additiviert.

Zündverbesserer (Cetane improver)

Bei Zündverbesserern handelt es sich um
Salpetersäureester von Alkoholen, die den
Zündverzug verkürzen. Dadurch werden
die Emissionen reduziert und die Verbrennungsgeräusche vermindert.

Fließverbesserer

Fließverbesserer bestehen aus polymeren
Stoffen, die den Grenzwert der Filtrierbarkeit herabsetzen. Sie werden i. Allg. nur im
Winter zugesetzt (störungsfreier Betrieb
bei Kälte). Der Zusatz von Fließverbes-
serern kann zwar die Ausscheidung von
Paraffinkristallen aus dem Dieselkraftstoff
nicht verhindern, aber deren Wachstum
sehr stark einschränken. Die entstehenden
Kriställchen sind dann so klein, dass sie
die Filterporen noch passieren können.

Detergenzien

Detergenzien sind Reinigungsadditive,
die zur Reinhaltung des Einlasssystems
zugesetzt werden. Detergenzien können
die Bildung von Ablagerungen verhindern
und den Aufbau von Verkokungen an der
Einspritzdüse reduzieren.

Korrosionsinhibitoren

Korrosionsinhibitoren lagern sich an die
Oberflächen metallischer Teile an und
schützen so beim Eintrag von Wasser vor
Korrosion.

Antischaummittel (Defoamant)

Übermäßiges Schäumen beim schnellen
Betanken lässt sich durch Zusatz von Ent-
schäumern verhindern.

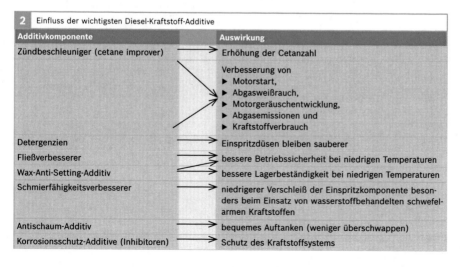

2 Einfluss der wichtigsten Diesel-Kraftstoff-Additive	
Additivkomponente	**Auswirkung**
Zündbeschleuniger (cetane improver)	Erhöhung der Cetanzahl
	Verbesserung von ▶ Motorstart, ▶ Abgasweißrauch, ▶ Motorgeräuschentwicklung, ▶ Abgasemissionen und ▶ Kraftstoffverbrauch
Detergenzien	Einspritzdüsen bleiben sauberer
Fließverbesserer	bessere Betriebssicherheit bei niedrigen Temperaturen
Wax-Anti-Setting-Additiv	bessere Lagerbeständigkeit bei niedrigen Temperaturen
Schmierfähigkeitsverbesserer	niedrigerer Verschleiß der Einspritzkomponente beson-ders beim Einsatz von wasserstoffbehandelten schwefel-armen Kraftstoffen
Antischaum-Additiv	bequemes Auftanken (weniger überschwappen)
Korrosionsschutz-Additive (Inhibitoren)	Schutz des Kraftstoffsystems

Tabelle 2

Alternative Kraftstoffe

Zu den alternativen Kraftstoffen für Dieselmotoren gehören biogene Kraftstoffe und im weiteren Sinne auch fossile Kraftstoffe, die nicht auf Basis von Erdöl erzeugt werden. Derzeit sind vor allem Ester von Pflanzenölen von Bedeutung.

Alkohole (Methanol und Ethanol) werden in Dieselmotoren nur in geringem Umfang und lediglich als Emulsion mit Dieselkraftstoff eingesetzt.

Fettsäuremethylester (FAME)

Fettsäuremethylester (FAME: Fatty Acid Methyl Ester) - umgangssprachlich Bio-Diesel - sind mit Methanol umgeesterte pflanzliche oder tierische Öle oder Fette. FAME werden aus verschiedenen Rohstoffen erzeugt, überwiegend aus Raps (Rapsmethylester, RME, Europa) und Soja (Sojamethylester, SME, USA). Aber auch Sonnenblumen- und Palmester, Altspeisefettester (UFOME: Used Frying Oil Methyl Ester) und Rindertalgester (TME: Tallow Methyl Ester) werden - allerdings meist mit anderen FAME gemischt - eingesetzt. Statt Methanol kann auch Ethanol zur Umesterung verwendet werden, wie z. B. in Brasilien zur Herstellung von Sojaethylester.

FAME wird entweder in reiner Form (B 100, d. h. 100 % Bio-Diesel) verwendet oder bis zu einem maximalen FAME-Anteil von 5 % mit Dieselkraftstoff gemischt als Blend B 5 angeboten. B 5 ist nach der EN 590 als Dieselkraftstoff zugelassen.

Da der Einsatz von FAME minderer Qualität zu Betriebsstörungen und Schäden an Motor und Einspritzsystem führen kann, sind die Anforderungen an FAME auf europäischer Ebene geregelt (EN 14214). Insbesondere eine gute Alterungsstabilität (Oxidationsstabilität) und der Ausschluss prozessbedingter Verunreinigungen müssen sichergestellt sein. Die Norm EN 14214 gilt unabhängig davon, ob FAME direkt als B 100 oder als Beimengung zum Dieselkraftstoff eingesetzt wird. Das durch FAME-Beimengungen entstehende Blend B 5 muss zudem den Anforderungen des reinen Dieselkraftstoffs (EN 590) entsprechen.

Die Erzeugung von FAME ist im Vergleich zu mineralölbasierten Dieselkraftstoffen nicht wirtschaftlich und wird in Deutschland steuerlich begünstigt.

Reine, unveresterte Pflanzenöle werden in direkteinspritzenden Dieselmotoren fast nicht mehr eingesetzt, da erhebliche Probleme entstehen, vorwiegend wegen der hohen Viskosität der Pflanzenöle und sehr starker Düsenverkokung.

1 Europäische Norm EN 14214: Ausgewählte Anforderungen an FAME		
Kriterium	**Kenngröße**	**Einheit**
CFPP[1]) in sechs jahreszeitlichen Klassen, max.	+5...−20[2])	°C
Flammpunkt	≥120	°C
Dichte bei 15 °C	860...900	kg/m³
Viskosität bei 40 °C	3,5...5,0	mm²/s
Schwefelgehalt	10	mg/kg
Wassergehalt	≤500	mg/kg

[1]) Grenzwert der Filtrierbarkeit, hier für gemäßigtes Klima
[2]) wird national festgelegt, für Deutschland 0...−20 °C

Tabelle 1

Synfuels® und Sunfuels®

Die Begriffe Syn- und Sunfuel stehen für Kraftstoffe, die aus Synthesegas (H_2 und CO) im Fischer-Tropsch-Verfahren hergestellt werden.

Beim Einsatz von Kohle, Koks oder Erdgas zur Erzeugung des Synthesegases spricht man von Synfuel, bei der Verwendung von Biomasse von Sunfuel.

Im Fischer-Tropsch-Verfahren wird das Synthesegas katalytisch zu Kohlenwasserstoffen umgesetzt. Dabei entstehen hochwertige, schwefelfreie und aromatenfreie Dieselkraftstoffe, die überwiegend zur Qualitätsverbesserung konventioneller Dieselkraftstoffe eingesetzt werden. Abhängig von den verwendeten Katalysatoren können auch Ottokraftstoffe erzeugt werden. Nebenprodukte sind Flüssiggas und Paraffine.

Wegen der hohen Kosten war und ist die Erzeugung von synthetischen Kraftstoffen auf Sondermärkte begrenzt (Ölembargo für Südafrika während der 1970er-Jahre, Verwendung von überschüssigem Erdgas in Malaysia, Forschungsanlagen).

Dimethylether (DME)

Dimethylether (DME) ist ein synthetisch hergestelltes Produkt, das derzeit in kleinen Mengen aus Methanol erzeugt wird. DME hat eine Cetanzahl von CZ ≅ 55 und kann im Dieselmotor rußarm und mit reduzierter Stickoxidbildung verbrannt werden. Aufgrund seiner geringen Dichte und des hohen Sauerstoffanteils hat es einen geringen Heizwert. Außerdem erfordert es wegen seines gasförmigen Zustands eine Anpassung der Einspritzausrüstung.

Auch andere Ether (z.B. Dimethoxymethan, di-n-Pentylether) werden hinsichtlich ihrer Eignung als Kraftstoffe untersucht.

Emulsionen

Emulsionen von Wasser oder Ethanol in Dieselkraftstoffen werden an verschiedenen Stellen getestet. Wasser und Alkohole sind in Diesel nur schlecht löslich. Zur Stabilisierung dieser Mischungen werden Emulgatoren benötigt, die eine Demulgierung bleibend verhindern. Außerdem sind Maßnahmen zum Verschleiß- und Korrosionsschutz notwendig. Durch den Einsatz von Emulsionen können Ruß- und Stickoxidemissionen herabgesetzt werden, da durch den Wasseranteil das Verbrennungsgemisch kälter ist.

Eine Anwendung erfolgt bisher aber nur in begrenzten Fahrzeugflotten, die meist mit Reiheneinspritzpumpen ausgerüstet sind. Andere Einspritzsysteme sind für den Betrieb mit Emulsionen entweder nicht geeignet oder nicht erprobt.

1 Schäden an einer Einspritzpumpe durch schlechte Kraftstoff-Qualität

a

b

SMK1878Y

Bild 1
a Ablagerungen im Stellwerk, hervorgerufen durch verschmutztes FAME
b Lagerschaden, hervorgerufen durch freies Wasser (Fahrzeuglaufzeit ca. 5600 km)

Systeme zur Füllungssteuerung

[1] Die Zylinderfüllung ist das Gemisch, das nach Schließen der Einlassventile im Zylinder ist. Es besteht aus der zugeführten Frischluft und dem Restgas der vorherigen Verbrennung.

Beim Dieselmotor ist neben der eingespritzten Kraftstoffmasse die zugeführte Luftmasse eine entscheidende Größe für das abgegebene Drehmoment und damit für die Leistung sowie für die Abgaszusammensetzung. Deshalb kommt neben dem Einspritzsystem auch den Systemen, die die Zylinderfüllung[1] beeinflussen, eine besondere Bedeutung zu. Diese Systeme zur Füllungssteuerung reinigen die Ansaugluft und beeinflussen die Bewegung, die Dichte und die Zusammensetzung (z. B. den Sauerstoffanteil) der Zylinderfüllung.

Übersicht

Für die Verbrennung des Kraftstoffs ist Sauerstoff nötig, den der Motor der angesaugten Luft entzieht. Grundsätzlich gilt: je mehr Sauerstoff im Brennraum für die Verbrennung zur Verfügung steht, desto mehr Kraftstoff-Volllastmenge kann eingespritzt werden. Damit besteht ein direkter Zusammenhang zwischen Luftfüllung des Zylinders und der maximal möglichen Motorleistung.

Die Luftsysteme haben die Aufgabe, die angesaugte Luft aufzubereiten und für eine gute Zylinderfüllung zu sorgen. Die Füllungssteuerung (Bild 1) besteht aus den Bereichen:

▶ Luftfilter (1),
▶ Aufladung (2),
▶ Abgasrückführung (4) und
▶ Drallklappen (5).

Systeme zur Aufladung (d. h. zum Vorverdichten der Luft vor Eintritt in den Zylinder) sind in den meisten Dieselmotoren zur Leistungssteigerung vorhanden.

Die Abgasrückführung wird zum Zweck der Schadstoffminderung bei allen gängigen Pkw-Dieselmotoren und einigen Nkw eingesetzt. Durch die Abgasrückführung verringert sich der Sauerstoffanteil im Zylinder; aufgrund der dadurch sinkenden Verbrennungstemperatur werden bei der Verbrennung weniger Stickoxide (NO_X) gebildet.

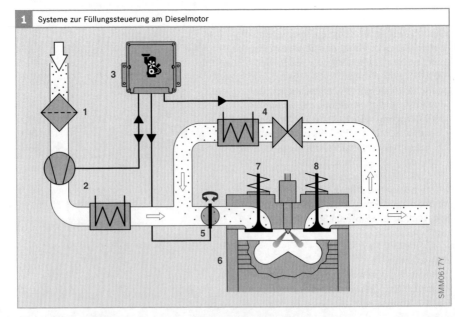

1 Systeme zur Füllungssteuerung am Dieselmotor

Bild 1
1 Luftfilter
2 Aufladung mit Ladeluftkühlung
3 Motorsteuergerät
4 Abgasrückführung mit Kühler
5 Drallklappe
6 Motorzylinder
7 Einlassventil
8 Auslassventil

SMM0617Y

Aufladung

Die Aufladung als Mittel zur Leistungssteigerung ist bei großen Dieselmotoren für Stationär- und Schiffsantriebe sowie bei Nkw-Dieselmotoren seit langem bekannt[1]. Inzwischen hat sie sich auch bei schnell laufenden Fahrzeug-Dieselmotoren für Pkw durchgesetzt[2]. Im Gegensatz zum Saugmotor wird beim aufgeladenen Motor die Luft mit Überdruck dem Motor zugeführt. Damit erhöht sich die Luftmasse im Motorzylinder, die mit einer entsprechend höheren Kraftstoffmasse zu einer höheren Leistung bei gleichem Hubraum bzw. zu gleicher Leistung bei kleinerem Hubraum führt. Durch die Reduzierung des Hubraums ("Downsizing") ist eine Absenkung des Kraftstoffverbrauchs möglich. Zugleich wird auch eine Verbesserung der Abgasemissionswerte erreicht.

Der Dieselmotor eignet sich besonders zur Aufladung, da bei ihm nur Luft und kein Luft-Kraftstoff-Gemisch verdichtet wird und er aufgrund seiner Qualitätsregelung günstig mit einem Lader kombiniert werden kann. Bei größeren Nutzfahrzeugmotoren erzielt man eine weitere Steigerung des Mitteldrucks (und somit des Drehmoments) durch höhere Aufladung und Absenkung der Verdichtung, muss dafür aber Einschränkungen bei der Kaltstartfähigkeit hinnehmen.

Der Liefergrad beschreibt die im Zylinder eingeschlossene Luftfüllung bezogen auf die durch das Hubvolumen vorgegebene theoretische Ladung bei Normbedingung (Luftdruck $p_0 = 1013$ hPa, Temperatur $T_0 = 273$ K) ohne Aufladung. Der Liefergrad liegt bei aufgeladenen Dieselmotoren zwischen 0,85 und 3,0.

Während des Verdichtens wird die Luft im Lader erwärmt (bis zu 180 °C). Da warme Luft eine geringere Dichte hat als kalte Luft, wirkt sich die Erwärmung nachteilig auf die Zylinderfüllung aus. Ein dem Lader nachgeschalteter Ladeluftkühler (mit Außenluftkühlung oder mit einem separaten Kühlmittelkreislauf) kühlt die verdichtete Luft wieder ab und bewirkt so eine weitere Erhöhung der Zylinderfüllung. Damit steht mehr Sauerstoff für die Verbrennung zur Verfügung, sodass ein höheres maximales Drehmoment und damit eine höhere Leistung bei gegebener Drehzahl zur Verfügung steht.

Die niedrigere Temperatur der in den Zylinder einströmenden Luft führt auch zu niedrigeren Temperaturen im Verdichtungstakt. Daraus ergeben sich weitere Vorteile:
▶ besserer thermischer Wirkungsgrad und damit geringerer Kraftstoffverbrauch und weniger Rußausstoß bei Dieselmotoren,
▶ geringere thermische Belastung des Zylinderraums sowie
▶ etwas geringere NO_X-Emissionen durch eine geringere Verbrennungstemperatur.

Man unterscheidet zwei Arten von Ladern:
▶ Beim *Abgasturbolader* wird die Verdichtungsleistung aus dem Abgas gewonnen (strömungstechnische Kopplung zwischen Motor und Lader).
▶ Beim *mechanischen Lader* wird die Verdichtungsleistung von der Motorkurbelwelle abgezweigt (mechanische Kopplung zwischen Motor und Lader).

Abgasturboaufladung

Die Aufladung mit einem Abgasturbolader (ATL) findet die breiteste Anwendung. Sie wird bei Pkw-, Nkw- und Großmotoren für Schiffe und Lokomotiven eingesetzt.

Die Abgasturboaufladung wird zur Reduzierung des Leistungsgewichts eingesetzt und zur Anhebung des maximalen Drehmoments bei niedrigeren und mittleren Drehzahlen, insbesondere in Verbindung mit der elektronischen Ladedruckregelung. Zudem gewinnen auch die Aspekte der Schadstoffminderung eine wachsende Bedeutung.

[1] Bereits Gottlieb Daimler (1885) und Rudolf Diesel (1896) befassten sich mit der Vorkompression der Ansaugluft zur Leistungssteigerung. Dem Schweizer Alfred Büchi gelang 1925 die erste erfolgreiche Abgasturboaufladung mit einer Leistungssteigerung von 40 % (die Patentanmeldung erfolgte 1905). Die ersten aufgeladenen Nkw-Motoren wurden 1938 gebaut. Sie setzten sich in den frühen 1950er-Jahren durch.

[2] In größerem Maße erfolgte der Einsatz ab den 1970er-Jahren.

Aufbau und Arbeitsweise

Mit dem heißen und unter Druck stehenden Abgas des Verbrennungsmotors geht ein großer Anteil an Energie verloren. Es liegt daher nahe, einen Teil dieser Energie für die Druckerzeugung im Ansaugrohr nutzbar zu machen.

Der Abgasturbolader (Bild 1) besteht aus zwei Strömungsmaschinen:
▸ eine Abgasturbine (7), die die Energie des Abgasstroms aufnimmt und
▸ ein Strömungsverdichter (2), der über eine Welle (11) mit der Turbine gekoppelt ist und die Ansaugluft verdichtet.

Das heiße Abgas strömt die Turbine an und versetzt sie in eine schnelle Drehbewegung (bei Dieselmotoren bis ca. 200 000 min^{-1}). Die nach innen gerichteten Schaufeln des Turbinenrades leiten das Abgas zur Mitte hin, wo es dann seitlich austritt (8, Radialturbine). Die Welle treibt den Radialverdichter an. Hier sind die Verhältnisse genau umgekehrt: Die Ansaugluft (3) tritt in der Mitte des Verdichters ein und wird von den Schaufeln nach außen beschleunigt und dabei verdichtet (4).

Aufgrund des Abgasdrucks, der sich vor der Turbine aufbaut, erhöht sich die vom Motor aufzubringende Ausschiebearbeit im Ausstoßtakt. Gleichzeitig kann die Turbine aber neben der Strömungsenergie des Abgases z. T. auch dessen thermische Energie in Verdichtungsleistung umsetzen, sodass die Erhöhung des Ladedrucks größer ist als der Anstieg des Abgasdrucks vor der Turbine (positives Spülgefälle). Der Gesamtwirkungsgrad des Motors kann so in weiten Teilbereichen des Motorkennfelds verbessert werden.

Für Stationärbetrieb mit konstanter Drehzahl lässt sich das Turbinen- und Laderkennfeld auf einen günstigen Wirkungsgrad und damit hohe Aufladung abstimmen. Schwieriger ist jedoch die Auslegung für einen instationär betriebenen Fahrzeugmotor, von dem man insbesondere bei Beschleunigung aus kleiner Drehzahl ein hohes Drehmoment erwartet. Niedrige Abgastemperatur, geringe Abgasmenge und die Massenträgheit des Turboladers selbst verzögern bei Beschleunigungsbeginn den Druckaufbau im Verdichter. Dies wird bei turboaufgeladenen Pkw-Motoren als „Turboloch" bezeichnet. Besonders für die Aufladung in Pkw und Nkw wurden Turbolader entwickelt, die wegen ihrer geringen Eigenmassen schon bei kleinen Abgasströmen ansprechen und so

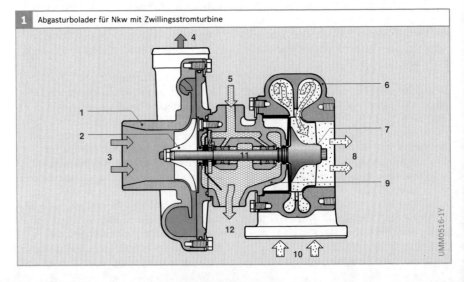

1 Abgasturbolader für Nkw mit Zwillingsstromturbine

Bild 1
1 Verdichtergehäuse
2 Strömungsverdichter
3 Ansaugluft
4 verdichtete Frischluft
5 Schmierölzulauf
6 Turbinengehäuse
7 Abgasturbine
8 abströmendes Abgas
9 Lagergehäuse
10 zuströmendes Abgas
11 Welle
12 Schmierölrücklauf

UMM0516-1Y

das Fahrverhalten im unteren Drehzahlbereich deutlich verbessern.

Man unterscheidet zwei Aufladeprinzipien: Bei der Stauaufladung glättet ein Abgassammelbehälter vor der Turbine die Druckpulsationen im Abgasstrang. Die Turbine kann dadurch im Bereich hoher Motordrehzahlen bei einem geringeren Druck mehr Abgas durchsetzen. Da sich der Abgagegendruck in diesen Betriebspunkten für den Motor verringert, reduziert sich auch der Kraftstoffverbrauch. Die Stauaufladung wird für große Schiffs-, Generator- und Stationärmotoren eingesetzt.

Bei der Stoßaufladung wird die kinetische Energie der Druckpulsationen beim Ausströmen der Abgase aus dem Zylinder genutzt. Die Stoßaufladung ermöglicht ein höheres Drehmoment bei niedrigeren Motordrehzahlen. Dieses Prinzip wird bei Pkw- und Nkw-Motoren angewandt. Damit sich die einzelnen Zylinder beim Ladungswechsel nicht gegenseitig beeinflussen, werden z. B. bei einem 6-Zylinder-Motor je drei Zylinder in einer Abgassammelleitung zusammengefasst. Mit Zwillingsstromturbinen (Bild 1) – die zwei äußere Kanäle haben – werden die Abgasströme auch innerhalb der Turbine getrennt geführt.

Um ein gutes Ansprechverhalten zu erreichen, sitzt der Abgasturbolader möglichst nahe an den Auslassventilen im heißen Abgasstrang. Er muss deshalb aus hochfesten Werkstoffen gefertigt sein. Für Schiffe – bei denen im Maschinenraum wegen der Brandgefahr heiße Oberflächen vermieden werden sollen – ist der Turbolader wassergekühlt oder wärmeisoliert. Turbolader für Ottomotoren, bei denen die Abgastemperatur ca. 200...300 °C höher liegt als beim Dieselmotor, können ebenfalls wassergekühlt ausgeführt sein.

Bauarten
Motoren sollen bereits bei niedrigen Drehzahlen ein hohes Drehmoment erzeugen. Deshalb wird der Turbolader für einen kleinen Abgasmassenstrom ausgelegt (z. B. Volllast bei einer Motordrehzahl von $n \leq 1800\ \text{min}^{-1}$). Damit bei größeren Abgasmassenströmen der Abgasturbolader den Motor nicht überlädt, bzw. der Lader nicht zerstört wird, muss der Ladedruck geregelt werden. Hierzu gibt es drei Bauartprinzipien:
▸ Wastegate-Lader,
▸ VTG-Lader und
▸ VST-Lader.

Wastegate-Lader (Bild 2)
Bei höheren Motordrehzahlen oder -lasten wird ein Teilstrom des Abgases über ein Bypassventil – das „Wastegate" (5, „Tor für das Überflüssige") – an der Turbine vorbei in die Abgasanlage geleitet. Dadurch nimmt der Abgasstrom durch die Turbine und der Abgasgegendruck ab und eine zu hohe Turboladerdrehzahl wird vermieden.
   Bei niedrigen Motordrehzahlen oder -lasten schließt das Wastegate, und der gesamte Abgasstrom treibt die Turbine an.

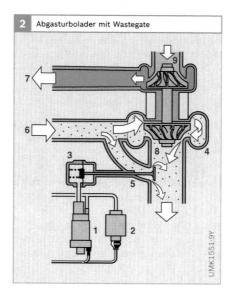

2 Abgasturbolader mit Wastegate

UMK1551-9Y

Bild 2
1   Ladedrucksteller
2   Unterdruckpumpe
3   Drucksteller
4   Turbolader
5   Bypassventil
    (Wastegate)
6   Abgasstrom
7   Ansaugluftstrom
8   Abgasturbine
9   Strömungs-
    verdichter

Üblicherweise ist das Wastegate in Klappenausführung im Turbinengehäuse integriert. In der Anfangszeit des Turboladers wurde ein Tellerventil in einem separaten Gehäuse parallel zur Turbine eingesetzt.

Ein Ladedrucksteller (1) (elektropneumatischer Wandler) betätigt das Wastegate. Dieser Steller ist ein elektrisch angesteuertes 3/2-Wegeventil, das an eine Unterdruckpumpe (2) angeschlossen ist. In seiner Ruhestellung (stromlos) lässt es den Umgebungsdruck auf den Drucksteller (3) wirken. Die Feder im Drucksteller öffnet das Wastegate.
   Wird der Ladedrucksteller vom Motorsteuergerät bestromt, verbindet er den Drucksteller und die Unterdruckpumpe, sodass die Membran gegen die Federkraft zurückgezogen wird. Das Wastegate schließt und die Turboladerdrehzahl erhöht sich.
   Der Turbolader ist so konstruiert, dass das Wastegate bei Ausfall der Ansteuerung offen ist. Dadurch kann bei hohen Drehzahlen kein zu hoher Ladedruck aufgebaut werden, der den Turbolader oder den Motor schädigen würde.

Bei Ottomotoren wird genügend Unterdruck im Ansaugrohr erzeugt. Eine Unterdruckpumpe wie bei Dieselmotoren ist deshalb nicht erforderlich. Auch die Ansteuerung über einen rein elektrischen Steller ist für beide Motorarten möglich.

VTG-Lader (Bild 3)

Eine veränderte Anströmung der Turbinen durch eine variable Turbinengeometrie (VTG) bietet eine weitere Möglichkeit, den Abgasstrom bei hoher Motordrehzahl zu begrenzen. Die verstellbaren Leitschaufeln (3) verändern den Strömungsquerschnitt, durch den das Abgas auf die Turbine strömt (Variation der Geometrie). Damit passen sie den an der Turbine anstehenden Gasdruck dem geforderten Ladedruck an.

Bei niedrigen Motordrehzahlen oder -lasten geben sie einen kleinen Strömungsquerschnitt frei, sodass der Abgasgegendruck ansteigt. Der Abgasstrom in der Turbine erreicht eine hohe Geschwindigkeit und bringt die Turbine auf eine hohe Drehzahl (a). Der Abgasstrom wirkt dabei auf den Außenbereich der Schaufeln des Turbinenrads. So entsteht ein großer Hebelarm, der zusätzlich ein hohes Drehmoment bewirkt.

Bei hohen Motordrehzahlen oder -lasten geben die Leitschaufeln einen größeren Strömungsquerschnitt frei, der eine niedrigere Strömungsgeschwindigkeit des Abgasstroms zur Folge hat (b). Dadurch wird der Turbolader bei gleicher Abgasmenge weniger beschleunigt, bzw. er dreht bei höherer Abgasmenge nicht so hoch. Der Ladedruck wird so begrenzt.

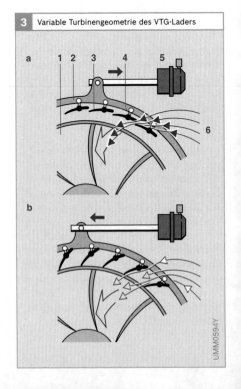

3 Variable Turbinengeometrie des VTG-Laders

Bild 3
a Leitschaufelstellung für hohen Ladedruck
b Leitschaufelstellung für niedrigen Ladedruck

1 Abgasturbine
2 Verstellring
3 Leitschaufel
4 Verstellhebel
5 Verstelldose
6 Abgasstrom

◀— hohe Strömungsgeschwindigkeit
◁— niedrige Strömungsgeschwindigkeit

UMM0594Y

Durch die Drehbewegung eines Verstellrings (2) ergibt sich eine einfache Verstellung des Leitschaufelwinkels. Dabei werden die Leitschaufeln entweder direkt
über einzelne an den Leitschaufeln befes-
tigte Verstellhebel (4) oder über Verstell-
nocken auf den gewünschten Winkel eingestellt. Das Verdrehen des Verstellrings
geschieht pneumatisch über eine Verstelldose (5) mit Unter- oder Überdruck oder
über einen Elektromotor mit Lagerück-
meldung (Positionssensor). Die Motorsteuerung steuert das Stellglied an. Damit
kann der Ladedruck in Abhängigkeit verschiedener Eingangsgrößen bestmöglich
eingestellt werden.

Der VTG-Lader ist in seiner Ruhestellung
geöffnet und damit eigensicher. Versagt die
Ansteuerung, wird der Turbolader oder
der Motor nicht geschädigt. Es kommt nur
zu Leistungsverlust bei niedrigen Drehzahlen.

Bei Dieselmotoren wird heute überwiegend
diese Laderbauart eingesetzt. Bei Ottomotoren konnte er sich u. a. wegen der
hohen thermischen Belastung und aufgrund der heißeren Abgase noch nicht
durchsetzen.

VST-Lader (Bild 4)
Der VST-Lader (variable Schieberturbine)
wird für kleine Pkw-Motoren eingesetzt.
Ein Regelschieber (4) verändert bei dieser
Bauart den Einströmquerschnitt zur
Turbine durch sukzessives Öffnen zweier
Strömungskanäle (2, 3).

Bei geringen Motordrehzahlen oder
-lasten ist nur ein Strömungskanal (2)
offen. Der kleinere Öffnungsquerschnitt
führt zu einem hohen Abgasgegendruck
und zu einer hohen Strömungsgeschwindigkeit des Abgases und somit zu einer
hohen Drehzahl der Turbine (1).

Bei Erreichen des gewünschten Ladedrucks öffnet der Regelschieber kontinuierlich den zweiten Strömungskanal (3).
Die Strömungsgeschwindigkeit des Abgases – und damit die Turboladerdrehzahl
und der Ladedruck – nehmen ab. Das
Motorsteuergerät nimmt die Einstellung
des Regelschiebers über eine pneumatische Druckdose vor.

Mit dem im Turbinengehäuse integrierten Bypasskanal (5) ist es auch möglich,
nahezu den gesamten Abgasstrom an der
Turbine vorbeizuleiten und so einen sehr
geringen Ladedruck zu erreichen.

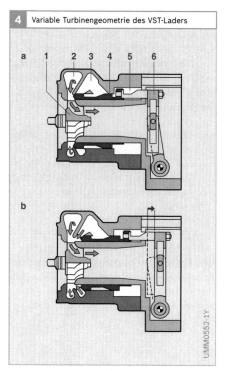

4   Variable Turbinengeometrie des VST-Laders

UMM0552-1Y

Bild 4

a   Nur ein Strömungs-
      kanal offen
b   beide Strömungs-
      kanäle offen

1   Abgasturbine
2   1. Strömungskanal
3   2. Strömungskanal
4   Regelschieber
5   Bypasskanal
6   Verstellgabel

Vor- und Nachteile der
Abgasturboaufladung
Downsizing
Gegenüber einem Saugmotor mit gleicher
Leistung sprechen vor allem das geringere
Gewicht und der reduzierte Bauraum für
den Motor mit Abgasturbolader („Down-
sizing", d. h. Verringerung der Größe).
Über den nutzbaren Drehzahlbereich er-
gibt sich ein besserer Drehmomentverlauf
(Bild 5). Daraus ergibt sich bei einer be-
stimmten Drehzahl eine höhere Leistung
(A–B) bei gleichem spezifischen Kraftstoff-
verbrauch.

Die gleiche Leistung steht wegen des
günstigeren Drehmomentverlaufs schon
bei einer niedrigeren Drehzahl bereit
(B–C). Der Arbeitspunkt bei einer geforderten Leistung wird so durch die Aufladung in einen Bereich mit geringeren
Reibungsverlusten verlagert. Daraus
ergibt sich ein geringerer Kraftstoffverbrauch (E–D).

Drehmomentverlauf
Bei sehr niedrigen Drehzahlen ist das
Grunddrehmoment bei Motoren mit Abgasturbolader auf dem Niveau der Saugmotoren. In diesem Bereich reicht die im
Abgas vorhandene Energie nicht aus, um
die Turbine anzutreiben. Somit entsteht
kein Ladedruck.

Im instationären Betrieb liegt der Drehmomentverlauf auch bei mittleren Drehzahlen auf dem Niveau der Saugmotoren
(c). Das liegt daran, dass der Abgasstrom
verzögert aufgebaut wird. Beim Beschleunigen aus niedrigen Drehzahlen heraus
ergibt sich somit das „Turboloch".

Das Turboloch kann, vor allem bei Ottomotoren, durch Ausnutzung der dynamischen Aufladung gemindert werden.
Sie unterstützt das Hochlaufverhalten des
Laders.

Bei Dieselmotoren bietet der Einsatz
von Turboladern mit variabler Turbinengeometrie eine Möglichkeit, das Turboloch
deutlich zu reduzieren.

Eine weitere Variante stellt der elektrisch unterstützte Abgasturbolader
(euATL) mit zusätzlichem Elektromotor
dar. Dieser beschleunigt das Verdichterrad
des Turboladers unabhängig vom Abgasstrom und verringert so das Turboloch.
Dieser Ladertyp wird derzeit entwickelt.

Ein schneller Ladedruckaufbau bei niedrigen Drehzahlen kann auch durch eine
zweistufig geregelte Aufladung erzielt
werden. Die zweistufige Aufladung steht
am Beginn der Serieneinführung.

Das Höhenverhalten ist bei Motoren mit
Turbolader sehr günstig, da das Druck-
gefälle bei niedrigerem Umgebungsluftdruck höher ist. Dies gleicht die geringere
Luftdichte teilweise aus. Bei der Auslegung
des Turboladers muss jedoch darauf ge-
achtet werden, dass die Turbine dabei
nicht überdreht.

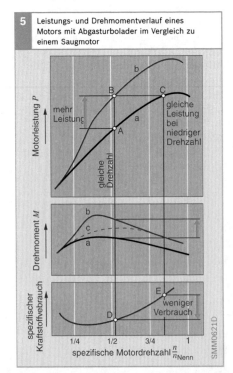

5 Leistungs- und Drehmomentverlauf eines
Motors mit Abgasturbolader im Vergleich zu
einem Saugmotor

Bild 5
a   Saugmotor im
    stationären Betrieb
b   aufgeladener
    Motor im statio-
    nären Betrieb
c   aufgeladener Motor
    im instationären
    (dynamischen)
    Betrieb

Mehrstufige Aufladung

Mit einer mehrstufigen Aufladung können die Leistungsgrenzen gegenüber der einstufigen Aufladung deutlich erweitert werden. Ziel dabei ist es, sowohl stationär als auch instationär die Luftversorgung und gleichzeitig den spezifischen Verbrauch des Motors zu verbessern. Dabei haben sich zwei Aufladeverfahren durchgesetzt:

Registeraufladung

Bei der Registeraufladung werden zur Basisaufladung mit zunehmender Motorlast und -drehzahl ein oder mehrere parallel geschaltete Turbolader zugeschaltet. Damit können im Vergleich zu einem größeren Lader, der auf die Nennleistung ausgelegt ist, zwei oder mehrere optimale Betriebspunkte erreicht werden. Wegen der aufwändigen Laderschalteinrichtung wird die Registeraufladung überwiegend bei Schiffs- oder Generatorantrieben eingesetzt.

Zweistufig geregelte Aufladung

Die zweistufige geregelte Aufladung ist eine Reihenschaltung zweier unterschiedlich großer Turbolader mit einer Bypassregelung und idealerweise zwei Ladeluftkühlern (Bild 6, Pos. 1 und 2). Der erste Lader ist als Niederdrucklader (1), der zweite Lader als Hochdrucklader ausgeführt (2).

Die Frischluft wird zunächst in der Niederdruckstufe vorverdichtet. Dadurch arbeitet der relativ kleine Hochdruckverdichter auf einem höheren Druckniveau mit kleinem Volumenstrom, sodass er den erforderlichen Luftmassenstrom durchsetzen kann. Mit der zweistufigen Aufladung kann ein besonders guter Verdichterwirkungsgrad erzielt werden.

Bei niedrigeren Motordrehzahlen ist das Bypassventil (5) geschlossen, sodass beide Turbolader wirken. Dadurch ergibt sich ein sehr schneller und hoher Ladedruckaufbau. Steigt die Motordrehzahl, öffnet das Bypassventil, bis nur noch der Niederdruckverdichter arbeitet. Dadurch passt sich die Aufladung stufenlos an die Erfordernisse des Motors an.

Dieses Aufladeverfahren wird wegen seines einfachen Regelverhaltens für Fahrzeuganwendungen eingesetzt.

eBooster

Vor den Abgasturbolader ist ein zusätzlicher Verdichter geschaltet. Dieser ist ähnlich wie der Verdichter des Turboladers aufgebaut und wird von einem Elektromotor angetrieben (eBooster). Bei Beschleunigung versorgt der eBooster den Motor mit Luft und verbessert dadurch besonders bei niedrigen Drehzahlen das Hochlaufen des Motors.

Mechanische Aufladung

Bei der mechanischen Aufladung wird ein Verdichter direkt vom Verbrennungsmotor angetrieben. In der Regel sind Motor und Verdichter z. B. über einen Riemenantrieb fest miteinander gekoppelt. Mechanische Lader werden im Vergleich zum Abgasturbolader für Dieselmotoren selten eingesetzt.

Mechanische Verdrängerlader

Die häufigste Bauform ist der mechanische Verdrängerlader MVL (Kompressor). Er kommt hauptsächlich bei kleinen und mittelgroßen Pkw-Motoren zum Einsatz.

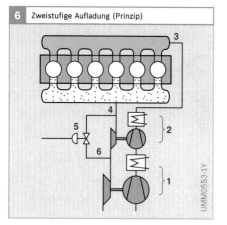

6 Zweistufige Aufladung (Prinzip)

UMM0553-1Y

Bild 6
1 Niederdruckstufe ND (Turbolader mit Ladeluftkühlung)
2 Hochdruckstufe HD (Turbolader mit Ladeluftkühlung)
3 Saugrohr
4 Abgassammelrohr
5 Bypassventil
6 Bypassleitung

Folgende Bauformen finden bei Dieselmotoren Verwendung:

Verdrängerlader mit innerer Verdichtung
Bei Ladern mit innerer Verdichtung wird die Luft im Verdichter komprimiert. Bei Dieselmotoren kommen der Hubkolbenlader und der Schraubenlader zum Einsatz.

Hubkolbenlader: Diese Lader sind entweder mit einem starren Kolben (Bild 7) oder einer Membran (Bild 8) aufgebaut. Ein Kolben (ähnlich dem Motorkolben) verdichtet die Luft, die dann über ein Auslassventil zum Motorzylinder strömt.

Schraubenlader (Bild 9): Zwei sich ineinander kämmende Flügel in Schraubenform (4) verdichten die Luft.

Verdrängerlader ohne innere Verdichtung
Bei Ladern ohne innere Verdichtung wird die Luft durch die erzeugte Strömung außerhalb des Laders komprimiert. Bei Dieselmotoren kam nur der Roots-Lader (Bild 10) in Zweitakt-Fahrzeugmotoren zum Einsatz.

Roots-Lader: Zwei über Zahnräder gekoppelte zweiflüglige Drehkolben (2) laufen ähnlich wie bei einer Zahnradpumpe gegeneinander und fördern so die Ansaugluft.

Bild 7
1 Einlassventil
2 Auslassventil
3 Kolben
4 Antriebswelle
5 Gehäuse

Bild 8
1 Einlassventil
2 Auslassventil
3 Membran
4 Antriebswelle

Bild 9
1 Antrieb
2 Angesaugte Luft
3 komprimierte Luft
4 Schraubenflügel

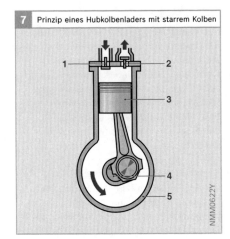

7 Prinzip eines Hubkolbenladers mit starrem Kolben

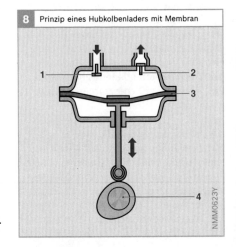

8 Prinzip eines Hubkolbenladers mit Membran

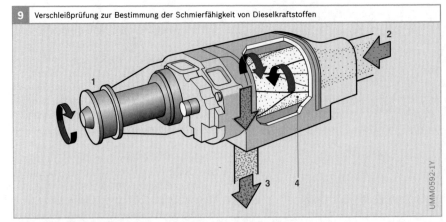

9 Verschleißprüfung zur Bestimmung der Schmierfähigkeit von Dieselkraftstoffen

10 Querschnitt eines Roots-Laders

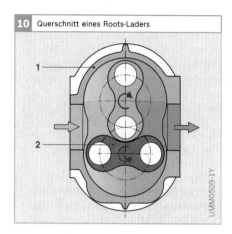

Mechanische Strömungslader
Neben den mechanischen Verdränger-
ladern gibt es noch Strömungslader
(Radialverdichter), deren Verdichter ähnlich wie beim Abgasturbolader aufgebaut
ist. Um die erforderliche hohe Umfangs-
geschwindigkeit zu erreichen, werden sie
über ein Getriebe angetrieben. Diese Lader
bieten über einen breiten Drehzahlbereich
günstige Liefergrade und können besonders bei kleinen Motoren als Alternative
zur Abgasturboladung angesehen werden.
Mechanische Strömungslader werden
auch mechanische Kreisellader (MKL) genannt. Sie werden selten bei mittelgroßen
bis großen Pkw-Motoren eingesetzt.

Ladedrucksteuerung
Ein Bypass kann beim mechanischen Lader
den Ladedruck steuern. Ein Teil des verdichteten Luftstroms gelangt in die Zylinder und bestimmt die Füllung. Der andere
Teil strömt über den Bypass zurück zur
Ansaugseite. Die Ansteuerung des Bypassventils übernimmt das Motorsteuergerät.

Vor- und Nachteile
der mechanischen Aufladung
Wegen der direkten Kopplung von Verdichter und Kurbelwelle wird beim mechanischen Lader bei einer Drehzahlerhöhung
der Verdichter unverzögert beschleunigt.
Dadurch ergibt sich im dynamischen Be-

trieb ein höheres Motordrehmoment und
ein besseres Ansprechverhalten als beim
Abgasturbolader. Mit einem variablen
Getriebe kann auch das Motorverhalten
bei Lastwechseln verbessert werden.
    Da die zum Antrieb des Verdichters not-
wendige Leistung (ca. 10...15 kW bei Pkw)
jedoch nicht als effektive Motorleistung
zur Verfügung stehen kann, steht diesen
Vorteilen ein etwas höherer Kraftstoffverbrauch als bei der Aufladung mit einem
Abgasturbolader entgegen. Dieser Nachteil wird gemindert, wenn der Verdichter
über eine von der Motorsteuerung geschaltete Kupplung bei niedrigen Motorlasten
und Motordrehzahlen abgeschaltet werden kann. Dies erhöht jedoch die Herstell-
kosten. Ein weiterer Nachteil der mechanischen Aufladung ist der größere erforderliche Bauraum.

Dynamische Aufladung
Eine Aufladung kann schon alleine durch
Nutzung dynamischer Effekte im Saugrohr
erzielt werden. Diese dynamische Aufladung spielt beim Dieselmotor keine so
große Rolle wie beim Ottomotor. Beim
Dieselmotor liegt das Hauptaugenmerk bei
der Gestaltung des Saugrohrs auf einer
gleichmäßigen Verteilung der Luft auf alle
Zylinder und der Verteilung des rück-
geführten Abgases. Außerdem spielt der
Drall im Motorzylinder eine wichtige Rolle.
Bei den relativ niedrigen Drehzahlen des
Dieselmotors würde eine gezielte Auslegung des Saugrohrs für eine dynamische
Aufladung extrem lange Saugrohre erfordern. Da gegenwärtig fast alle Dieselmotoren mit einem Lader ausgerüstet sind,
wäre nur ein Vorteil zu erwarten, wenn bei
instationären Vorgängen der Lader noch
nicht genügend Druck liefert.
    Generell wird das Ansaugrohr beim
Dieselmotor möglichst kurz gehalten.
Die Vorteile hiervon sind:
▶ verbessertes dynamisches Verhalten
  und
▶ ein besseres Regelverhalten der
  Abgasrückführung.

Bild 10
1 Gehäuse
2 Drehkolben

Drallklappen

Für die Gemischbildung spielen die Strömungsverhältnisse im Motorzylinder eine bedeutende Rolle. Diese werden wesentlich beeinflusst durch

▶ die durch die Einspritzstrahlen erzeugte Luftbewegung,
▶ die Bewegung der in den Zylinder einströmenden Luft und
▶ die Kolbenbewegung.

Beim drallunterstützen Brennverfahren wird die Luft während des Ansaug- und Verdichtungstaktes in eine Drehbewegung (Drall) versetzt, um eine gute und schnelle Gemischbildung zu erreichen. Mit geeigneten Klappen und Kanälen kann der Drall entsprechend der Motordrehzahl und Last verändert werden.

Die Einlasskanäle sind als Füllungskanal (Bild 1, Pos. 5) und Drallkanal (2) ausgelegt, wobei der Füllungskanal durch eine Klappe (Drallklappe, Pos. 6) verschlossen werden kann. Die Klappe wird vom Motorsteuergerät Kennfeldabhängig

gesteuert. Neben einfachen Systemen mit den beiden Stellungen „Auf" und „Zu" gibt es auch lagegeregelte Systeme, bei denen Zwischenstellungen angefahren werden können.

Bei niedrigen Motordrehzahlen ist die Drallklappe geschlossen. Die Luft wird über den Drallkanal angesaugt, es entsteht ein starker Drall bei ausreichender Zylinderfüllung.

Bei hohen Drehzahlen öffnet die Klappe und gibt den Füllungskanal (5) frei, um eine größere Zylinderfüllung zu ermöglichen und die Motorleistung zu verbessern. Dabei verringert sich gleichzeitig der Drall.

Durch die Kennfeld-abhängige Steuerung des Dralls können im unteren Drehzahlbereich die NO_X- und Partikel-Emissionen erheblich gesenkt werden. Die durch die Kanalabschaltung bedingten Strömungsverluste führen zu einer erhöhten Ladungswechselarbeit. Durch die erzielbare bessere Gemischbildung und Verbrennung kann der dadurch entstehende Kraftstoff-Mehrverbrauch jedoch weitestgehend kompensiert werden. Abhängig von Motorlast und Drehzahl wird ein Kompromiss zwischen Emissions-, Verbrauchs- und Leistungsoptimierung angestrebt.

Die Einlasskanalabschaltung wird zurzeit bei einigen Pkw-Motoren eingesetzt und spielt eine zunehmend wichtige Rolle im Emissionsminderungs-Konzept.
Moderne Lkw-Dieselmotoren hingegen können generell mit sehr niedrigen Drallwerten arbeiten, da aufgrund der kleineren Drehzahlspanne und größerer Brennräume die Energie der Einspritzstrahlen für die Gemischbildung ausreicht.

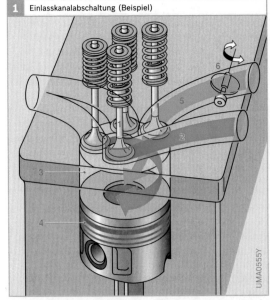

1 Einlasskanalabschaltung (Beispiel)

UMA0555Y

Bild 1
1 Einlassventil
2 Drallkanal
3 Motorzylinder
4 Kolben
5 Füllungskanal
6 Klappe

Motoransaugluftfilter

Der Luftfilter filtert die Motoransaugluft und verhindert damit das Eindringen von mineralischen Stäuben und Partikeln in den Motor und in das Motoröl. Dadurch reduziert er den Verschleiß z. B. in den Lagern, an den Kolbenringen und an den Zylinderwänden. Außerdem schützt er den empfindlichen Luftmassenmesser (HFM) und verhindert dort Staubablagerungen, die zu falschen Signalen, einem erhöhten Kraftstoffverbrauch und erhöhten Schadstoffemissionen führen könnten.

Typische Luftverunreinigungen sind z. B. Ölnebel, Aerosole, Dieselruß, Industrieabgase, Pollen und Staub. Die vom Motor mit der Luft angesaugten Staubteilchen besitzen einen Durchmesser von ca. 0,01 µm (Rußpartikel) bis ca. 2 mm (Sandkörner).

Filtermedium und Aufbau

Bei den Luftfiltern handelt es sich meist um Tiefenfilter, die die Partikel – im Gegensatz zu den Oberflächenfiltern – in der Struktur des Filtermediums zurückhalten. Tiefenfilter mit hoher Staubspeicherfähigkeit sind immer dann vorteilhaft, wenn große Volumenströme mit geringen Partikelkonzentrationen wirtschaftlich gefiltert werden müssen.

Luftfilter erreichen massebezogene Gesamtabscheidegrade von bis zu 99,8 % (Pkw) bzw. 99,95 % (Nkw). Diese Werte sollten unter allen herrschenden Bedingungen eingehalten werden können, auch unter den dynamischen Bedingungen, wie sie im Ansaugtrakt des Motors herrschen (Pulsation). Filter mit unzureichender Qualität zeigen dann einen erhöhten Staubdurchbruch.

Die Auslegung der Filterelemente erfolgt individuell für jeden Motor. Damit bleiben die Druckverluste minimal und auch die hohen Abscheidegrade sind unabhängig vom Luftdurchsatz. Bei den Filterelementen, die es als Flachfilter oder in zylindrischen Ausführungen gibt, ist das Filtermedium in gefalteter Form eingebaut, um auf kleinstem Raum ein Maximum an Filterfläche unterbringen zu können. Durch entsprechende Prägung und Imprägnierungen erhalten diese bisher zumeist auf Zellulosefasern basierenden Medien die erforderliche mechanische Festigkeit und eine ausreichende Wassersteifigkeit und Beständigkeit gegen Chemikalien.

Die Elemente werden nach den vom Fahrzeughersteller festgelegten Intervallen gewechselt.

Die Forderungen nach kleinen, leistungsstarken Filterelementen (weniger Bauraum) bei gleichzeitig verlängerten Serviceintervallen treibt die Entwicklung neuer, innovativer Luftfiltermedien voran. Neue Luftfiltermedien aus synthetischen Fasern (Bild 1) mit teilweise stark verbesserten Leistungsdaten sind bereits in Serie eingeführt.

Bessere Werte als mit reinen Zellulosemedien werden auch mit „Composite-Qualitäten" (z. B. Papier mit Meltblown-Auflage) und speziellen Nanofaser-Filtermedien erreicht, bei denen auf einer relativ groben Stützschicht aus Zellulose ultradünne Fasern mit Durchmessern von nur 30…40 nm aufgebracht sind. Neue Faltstrukturen mit wechselseitig verschlossenen Kanälen, ähnlich wie bei den Dieselrußfiltern, stehen kurz vor der Markteinführung.

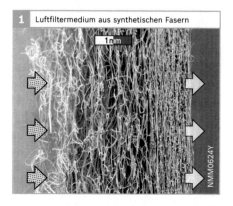

1 Luftfiltermedium aus synthetischen Fasern

1 mm

NMM0624Y

Bild 1

Synthetisches Hochleistungs-Filtervlies mit kontinuierlich zunehmender Dichte und abnehmendem Faserdurchmesser über den Querschnitt von der Ansaug- zur Reinluftseite.

Quelle: Freudenberg Vliesstoffe KG

Konische, ovale und stufige sowie trapez-förmige Geometrien ergänzen die Standardbauformen, um den immer knapper werdenden Bauraum im Motorraum optimal ausnutzen zu können.

Schalldämpfer

Früher wurden die Luftfiltergehäuse fast ausschließlich als „Dämpferfilter" ausgeführt. Das große Volumen ist bei diesen Gehäusen für akustische Zwecke ausgelegt. Mittlerweile werden zunehmend die beiden Funktionen „Filtration" und „Akustik/Motorgeräuschreduzierung" getrennt und die einzelnen Resonatoren separat optimiert. So lässt sich auch das Filtergehäuse in seinen Ausmaßen minimieren. Dadurch entstehen sehr flache Filter, die z. B. in die Designabdeckungen der Motoren integriert werden können, während die Resonatoren an weniger zugänglichen Stellen im Motorraum Platz finden.

Luftfilter für Pkw

Das Pkw-Luftansaugmodul (Bild 2) umfasst neben dem Gehäuse (1 und 3) mit dem zylindrischen Luftfilterelement (2) die gesamten Zuführleitungen (5 und 6) und das Saugmodul (4). Dazwischen verteilt sind Helmholtz-Resonatoren und Lambda-Viertelrohre für die Akustik. Mithilfe dieser kompletten Systemoptimierung lassen sich die Einzelkomponenten besser aufeinander abstimmen und die immer schärfer werdenden Anforderungen an die Akustik (Lärmpegel) einhalten.

Zunehmend nachgefragt werden Bauteile zur Wasserabscheidung, die in das Luftansaugsystem integriert werden. Sie dienen vor allem dem Schutz des Luftmassenmessers (HFM), der den Luftmassenstrom misst. Wassertröpfchen, die bei ungünstiger Anordnung des Ansaugstutzens, bei starkem Regen, schwallartigem Spritzwasser (z. B. bei Geländefahrzeugen) oder Schneefall mit angesaugt werden und zum Sensor gelangen, können zu einer fehlerhaften Erfassung der Zylinderfüllung führen.

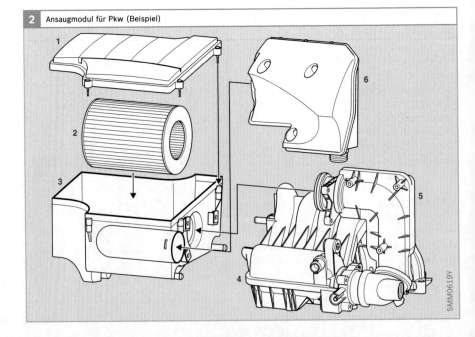

2   Ansaugmodul für Pkw (Beispiel)

SMM0619Y

Bild 2

1   Gehäusedeckel
2   Filterelement
3   Filtergehäuse
4   Saugmodul
5   Zuführleitung
6   Zuführleitung

Zur Abscheidung der Wassertropfen kommen in die Ansaugleitung eingebaute Prallbleche oder zyklon-ähnliche Konstruktionen („Schälkragen") zum Einsatz. Je kürzer der Weg vom Lufteinlass bis zum Filterelement ist, um so schwieriger wird eine Lösung, da nur sehr geringe Strömungsdruckverluste erlaubt sind. Man kann aber auch entsprechend aufgebaute Filterelemente einsetzen, welche die Wassertropfen sammeln (koaleszieren) und den Wasserfilm noch vor dem eigentlichen Partikelfilterelement nach außen ableiten. Ein speziell dazu konstruiertes Gehäuse unterstützt diesen Vorgang. Diese Anordnung kann auch bei sehr kurzen Rohluftleitungen erfolgreich zur Wasserabscheidung eingesetzt werden.

Luftfilter für Nkw

Bild 3 zeigt einen wartungsfreundlichen und gewichtsoptimierten Luftfilter aus Kunststoff für Nutzfahrzeuge. Neben einer höheren Abscheideleistung sind die dazu passenden Filterelemente so dimensioniert, dass Serviceintervalle von über 100 000 km möglich sind. Sie liegen damit deutlich über denen von Pkw.

   In Ländern mit hohen Staubbelastungen, aber auch bei Baumaschinen und in der Landwirtschaft, ist dem Filterelement ein Vorabscheider vorgeschaltet. Dieser Abscheider trennt die grobe, massereiche

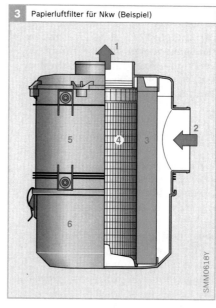

3 Papierluftfilter für Nkw (Beispiel)

SMM0618Y

Bild 3
1 Luftaustritt
2 Lufteintritt
3 Filtereinsatz
4 Stützrohr
5 Gehäuse
6 Staubtopf

Staubfraktion ab und erhöht somit die Standzeit des Feinfilterelements erheblich. Im einfachsten Fall handelt es sich um einen Leitschaufelkranz, der die einströmende Luft in Rotation versetzt. Durch die Fliehkraft werden die groben Staubpartikel abgeschieden. Aber erst vorgeschaltete, auf das nachfolgende Filterelement optimierte Minizyklonbatterien schöpfen das Potenzial von Fliehkraftabscheidern in Nkw-Luftfiltern richtig aus.

Grundlagen der Dieseleinspritzung

Die Verbrennungsvorgänge im Dieselmotor – und damit die Motorleistung, der Kraftstoffverbrauch, die Abgaszusammensetzung und das Verbrennungsgeräusch – hängen in entscheidendem Maße von der Aufbereitung des Luft-Kraftstoff-Gemischs ab.

Für die Qualität der Gemischbildung sind in erster Linie folgende Parameter der Kraftstoffeinspritzung ausschlaggebend:

▶ Einspritzbeginn,
▶ Einspritzverlauf und -dauer,
▶ Einspritzdruck,
▶ Anzahl der Einspritzungen.

Beim Dieselmotor werden die Abgas- und Geräuschemissionen zu einem wesentlichen Teil durch innermotorische Maßnahmen reduziert, d. h. durch Steuerung des Verbrennungsablaufs.

Bis in die 1980er-Jahre wurde bei Fahrzeugmotoren die Einspritzmenge und der Einspritzbeginn ausschließlich mechanisch geregelt. Die Einhaltung der aktuellen Abgasgrenzwerte erfordert jedoch eine sehr präzise und an den Betriebszustand des Motors angepasste Festlegung der Einspritzparameter für die Vor- und Haupteinspritzung wie Einspritzmenge, -druck und -beginn. Das ist nur mit einer elektronischen Regelung realisierbar, welche die Einspritzgrößen abhängig von Temperatur, Drehzahl, Last, geografischer Höhe usw. berechnet. Die Elektronische Dieselregelung (EDC) hat sich heute für Dieselfahrzeuge allgemein durchgesetzt.

Zukünftig strenger werdende Abgasnormen erfordern darüber hinaus beim Dieselmotor weitere Maßnahmen zur Schadstoffminderung. Durch sehr hohe Einspritzdrücke, wie sie derzeit beim Unit Injector System erreicht werden, und durch einen unabhängig vom Druckaufbau einstellbaren Einspritzverlauf, der beim Common Rail System realisiert ist, können die Emissionen unter Berücksichtigung des Verbrennungsgeräuschs weiter gesenkt werden.

Gemischverteilung

Luftzahl λ
Zur Kennzeichnung dafür, wie weit das tatsächlich vorhandene Luft-Kraftstoff-Gemisch vom stöchiometrischen[1] Massenverhältnis abweicht, wurde die Luftzahl λ (Lambda) eingeführt. Die Luftzahl gibt das Verhältnis von zugeführter Luftmasse zum Luftbedarf bei stöchiometrischer Verbrennung an:

$$\lambda = \frac{Masse\ Luft}{Masse\ Kraftstoff \cdot stöchiometrisches\ Verhältnis}$$

λ = 1: Die zugeführte Luftmasse entspricht der theoretisch erforderlichen Luftmasse, die notwendig ist, um den gesamten Kraftstoff zu verbrennen.

λ < 1: Es herrscht Luftmangel und damit fettes Gemisch.

λ > 1: Es herrscht Luftüberschuss und damit mageres Gemisch.

Lambda-Werte beim Dieselmotor
Fette Gemischzonen sind für eine rußende Verbrennung verantwortlich. Damit nicht zu viele fette Gemischzonen entstehen, muss – im Gegensatz zum Ottomotor – insgesamt mit Luftüberschuss gefahren wer-

[1] Das stöchiometrische Verhältnis beschreibt, wie viel kg Luft benötigt werden, um 1 kg Kraftstoff vollständig zu verbrennen (m_L/m_K). Es beträgt beim Dieselkraftstoff ca. 14,5.

Bild 1
Bei „Glasmotoren" können die Einspritz- und Verbrennungsvorgänge durch Glaseinsätze und Spiegel beobachtet werden.

Die Zeiten sind nach Beginn des Verbrennungseigenleuchtens angegebenen
a   200 µs
b   400 µs
c   522 µs
d   1200 µs

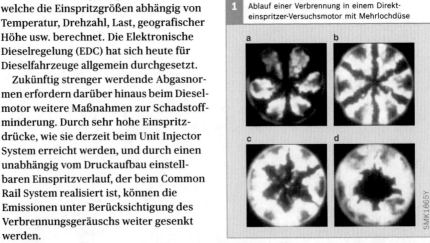

1 Ablauf einer Verbrennung in einem Direkteinspritzer-Versuchsmotor mit Mehrlochdüse

a   b

c   d

SMK1865Y

den. Die Lambda-Werte von aufgeladenen Dieselmotoren liegen bei Volllast zwischen $\lambda = 1,15$ und $\lambda = 2,0$. Bei Leerlauf und Nulllast steigen die Werte auf $\lambda > 10$. Diese Luftzahlen stellen das Verhältnis der gesamten Luft- und Kraftstoffmasse im Zylinder dar. Für die Selbstzündung und die Schadstoffbildung sind jedoch ganz wesentlich die lokalen Lambda-Werte verantwortlich, die räumlich stark schwanken.

Der Dieselmotor arbeitet mit heterogener innerer Gemischbildung und Selbstzündung. Eine vollständig homogene Vermischung des eingespritzten Kraftstoffs mit der Luft ist vor oder während der Verbrennung nicht möglich. Beim heterogenen Gemisch des Dieselmotors überdecken die lokalen Luftzahlen alle Werte von $\lambda = 0$ (reiner Kraftstoff) im Strahlkern nahe der Düsenmündung bis zu $\lambda = \infty$ (reine Luft) in der Strahlaußenzone. In der Tropfenrandzone (Dampfhülle) eines einzelnen flüssigen Tropfens treten lokal zündfähige Lambda-Werte von $0,3...1,5$ auf (Bilder 2 und 3). Daraus lässt sich ableiten, dass durch gute Zerstäubung (viele kleine Tröpfchen), hohen Gesamtluftüberschuss und „dosierte" Ladungsbewegung viele lokale Zonen mit mageren, zündfähigen Lambda-Werten entstehen. Dies bewirkt, dass bei der Verbrennung weniger Ruß

entsteht, sodass die AGR-Verträglichkeit zunimmt, wodurch sich die NO_X-Emissionen reduzieren lassen.

Die gute Zerstäubung wird durch hohe Einspritzdrücke erreicht: Sie liegen derzeit bei maximal 2200 bar beim UIS, Common Rail Systeme arbeiten mit maximal 1800 bar Einspritzdruck. Dadurch entsteht eine hohe Relativgeschwindigkeit zwischen dem Kraftstoffstrahl und der Luft im Zylinder, die so den Kraftstoffstrahl „zerreißt".

Mit Rücksicht auf ein geringes Motorgewicht und die Kosten des Motors soll möglichst viel Leistung aus einem vorgegebenen Hubraum gewonnen werden. Bei hoher Last muss der Motor dafür mit möglichst geringem Luftüberschuss laufen. Mangelnder Luftüberschuss erhöht allerdings insbesondere die Ruß-Emissionen. Um sie zu begrenzen, muss die Kraftstoffmenge bei der verfügbaren Luftmenge und abhängig von der Drehzahl des Motors genau dosiert werden.

Niederer Luftdruck (z. B. in großer Höhe) erfordert ebenfalls ein Anpassen der Kraftstoffmenge an das geringere Luftangebot.

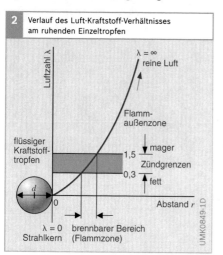

2 Verlauf des Luft-Kraftstoff-Verhältnisses am ruhenden Einzeltropfen

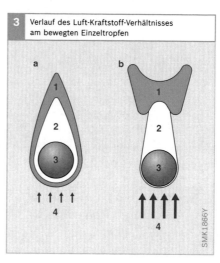

3 Verlauf des Luft-Kraftstoff-Verhältnisses am bewegten Einzeltropfen

Bild 2
d Tröpfchendurchmesser (ca. $2...20\,\mu m$)

Bild 3
a Niedrige Anströmgeschwindigkeit
b hohe Anströmgeschwindigkeit

1 Flammzone
2 Dampfzone
3 Kraftstofftropfen
4 Luftstrom

Parameter der Einspritzung

Einspritz- und Förderbeginn

Einspritzbeginn

Der Beginn der Kraftstoffeinspritzung in den Brennraum beeinflusst wesentlich den Beginn der Verbrennung des Luft-Kraftstoff-Gemischs und damit die Emissionen, den Kraftstoffverbrauch und das Verbrennungsgeräusch. Deshalb kommt dem Einspritzbeginn, auch Spritzbeginn genannt, für das optimale Motorverhalten große Bedeutung zu.

Der Einspritzbeginn gibt den Kurbelwellenwinkel in Bezug auf den oberen Totpunkt (OT) des Motorkolbens an, bei dem die Einspritzdüse öffnet und den Kraftstoff in den Brennraum des Motors einspritzt. Die momentane Lage des Kolbens zum oberen Totpunkt des Kolbens beeinflusst die Bewegung der Luft im Brennraum sowie deren Dichte und Temperatur. Demnach hängt die Mischungsqualität des Gemischs aus Luft und Kraftstoff auch vom Einspritzbeginn ab. Der Einspritzbeginn nimmt somit Einfluss auf Emissionen wie Ruß, Stickoxide (NO_X), unverbrannte Kohlenwasserstoffe (HC) und Kohlenmonoxid (CO).

Die Sollwerte für den Einspritzbeginn sind je nach Motorlast, Drehzahl und Motortemperatur verschieden. Die optimalen Werte werden für jeden Motor ermittelt, wobei die Auswirkungen auf Kraftstoffverbrauch, Schadstoff- und Geräuschemissionen berücksichtigt werden. Die so ermittelten Werte werden in einem Spritzbeginnkennfeld gespeichert (Bild 4). Über das Kennfeld wird die lastabhängige Spritzbeginnverstellung geregelt.

Common Rail Systeme bieten gegenüber nockengesteuerten Systemen zusätzliche Freiheitsgrade bei der Wahl der Anzahl und des Zeitpunkts der Einspritzungen und des Einspritzdrucks. Dies ergibt sich daraus, dass der Kraftstoffdruck von einer separaten Hochdruckpumpe aufgebaut

Bild 4
1   Kaltstart (<0°C)
2   Volllast
3   Teillast

Bild 5
Beispiel einer Applikation:
a_N Optimaler Spritzbeginn bei Nulllast: niedrige HC-Emissionen, während NO_X-Emissionen bei Nulllast ohnehin gering sind.
a_V Optimaler Spritzbeginn bei Volllast: niedrige NO_X-Emissionen, während HC-Emissionen bei Volllast ohnehin gering sind.

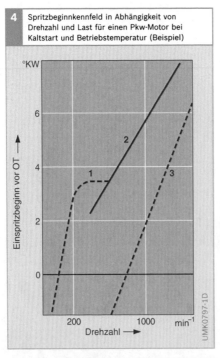

4 Spritzbeginnkennfeld in Abhängigkeit von Drehzahl und Last für einen Pkw-Motor bei Kaltstart und Betriebstemperatur (Beispiel)

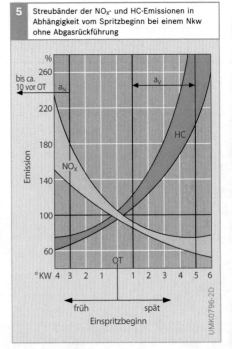

5 Streubänder der NO_X- und HC-Emissionen in Abhängigkeit vom Spritzbeginn bei einem Nkw ohne Abgasrückführung

und mittels Motorsteuerung optimal an jeden Betriebspunkt angepasst wird und die Einspritzung über ein Magnetventil oder Piezoelement gesteuert wird.

Richtwerte für den Spritzbeginn
Im Kennfeld des Dieselmotors liegen die für einen niedrigen Kraftstoffverbrauch optimalen Brennbeginne zwischen ca. 0...8 °KW (Grad Kurbelwellenwinkel) vor OT. Daraus und aus den Grenzwerten für die Abgasemissionen ergeben sich folgende Spritzbeginne:

Pkw-Direkteinspritzmotoren:
▶ Nulllast: 2 °KW vor OT bis 4 °KW nach OT
▶ Teillast: 6 °KW vor OT bis 4 °KW nach OT
▶ Volllast: 6...15 °KW vor OT

Nkw-Direkteinspritzmotoren (ohne Abgasrückführung):
▶ Nulllast: 4...12 °KW vor OT
▶ Volllast: 3...6 °KW vor OT bis 2 °KW nach OT

Bei kaltem Motor liegt der Einspritzbeginn für Pkw- und Nkw-Motoren 3...10 °KW früher. Die Brenndauer bei Volllast beträgt 40...60 °KW.

Früher Einspritzbeginn
Die höchste Kompressionstemperatur (Kompressions-Endtemperatur) stellt sich kurz vor dem oberen Totpunkt des Kolbens (OT) ein. Wird die Verbrennung weit vor OT eingeleitet, steigt der Verbrennungsdruck steil an und wirkt als bremsende Kraft gegen die Kolbenbewegung. Die dabei abgegebene Wärmemenge verschlechtert den Wirkungsgrad des Motors und erhöht somit den Kraftstoffverbrauch. Der steile Anstieg des Verbrennungsdrucks hat außerdem ein lautes Verbrennungsgeräusch zur Folge.

Ein zeitlich vorverlegter Verbrennungsbeginn erhöht die Temperatur im Brennraum. Deshalb steigen die NO_X-Emissionen und verringert sich der HC-Ausstoß (Bild 5).

Die Minimierung von Blau- und Weißrauch erfordert bei kaltem Motor frühe Spritzbeginne und/oder eine Voreinspritzung.

Später Einspritzbeginn
Ein später Spritzbeginn bei geringer Last kann zu einer unvollständigen Verbrennung und so zur Emission unvollständig verbrannter Kohlenwasserstoffe (HC) und Kohlenmonoxid (CO) führen, da die Temperatur im Brennraum bereits wieder sinkt (Bild 5).

Die zum Teil gegenläufigen Abhängigkeiten („Trade-offs") von spezifischem Kraftstoffverbrauch und HC-Emission auf der einen sowie Ruß- (Schwarzrauch) und NO_X-Emission auf der anderen Seite verlangen bei der Anpassung der Spritzbeginne an den jeweiligen Motor Kompromisse und enge Toleranzen.

Förderbeginn
Neben dem Spritzbeginn wird oft auch der Förderbeginn betrachtet. Er bezieht sich auf den Beginn der Kraftstoffmengenförderung durch die Einspritzpumpe.

Der Förderbeginn spielt bei älteren Einspritzsystemen eine Rolle, da hier die Reihen- oder Verteilereinspritzpumpe dem Motor zugeordnet werden muss. Die zeitliche Abstimmung zwischen Pumpe und Motor erfolgt bei Förderbeginn, da dieser einfacher zu bestimmen ist als der tatsächliche Spritzbeginn. Dieses Vorgehen ist möglich, weil zwischen Förderbeginn und Spritzbeginn eine definierte Beziehung besteht (Spritzverzug[1]).

Der Spritzverzug ergibt sich aus der Laufzeit der Druckwelle von der Hochdruckpumpe bis zur Einspritzdüse und hängt somit von der Leitungslänge ab. Bei verschiedenen Drehzahlen resultiert ein unterschiedlicher Spritzverzug in °KW. Der Motor hat bei höheren Drehzahlen auch einen auf die Kurbelwellenstellung bezogenen (°KW) größeren Zündverzug[2]. Beides muss kompensiert werden, weshalb bei einem Einspritzsystem eine von der Drehzahl, der Last und der Motortemperatur abhän-

[1] Zeit oder überstrichener Kurbelwellenwinkel (°KW) von Förderbeginn bis Einspritzbeginn

[2] Zeit oder überstrichener Kurbelwellenwinkel (°KW) von Einspritzbeginn bis Zündbeginn

gige mechanische oder elektronische Verstellung des Förder- bzw. Spritzbeginns vorhanden sein muss.

Einspritzmenge

Die benötigte Kraftstoffmasse m_e für einen Motorzylinder pro Arbeitstakt berechnet sich nach folgender Formel:

$$m_e = \frac{P \cdot b_e \cdot 33{,}33}{n \cdot z} \text{ [mg/Hub]}$$

P Motorleistung in kW
b_e spezifischer Kraftstoffverbrauch
    des Motors in g/kWh
n Motordrehzahl in min^{-1}
z Anzahl der Motorzylinder

Das entsprechende Kraftstoffvolumen (Einspritzmenge) Q_H in mm^3/Hub bzw. mm^3/Einspritzzyklus ist dann:

$$Q_H = \frac{P \cdot b_e \cdot 1000}{30 \cdot n \cdot z \cdot \rho} \text{ [mm}^3\text{/Hub]}$$

Die Kraftstoffdichte ρ in g/cm^3 ist temperaturabhängig.

Die vom Motor abgegebene Leistung ist bei angenommenem konstantem Wirkungsgrad ($\eta \sim 1/b_e$) direkt proportional zur Einspritzmenge.

Die vom Einspritzsystem eingespritzte Kraftstoffmasse hängt von folgenden Größen ab:

▸ Zumessquerschnitt der Einspritzdüse,
▸ Dauer der Einspritzung,
▸ Differenzdruckverlauf zwischen dem Einspritzdruck und dem Druck im Brennraum des Motors sowie
▸ Dichte des Kraftstoffs.

Dieselkraftstoff ist kompressibel, d. h., er wird bei hohen Drücken verdichtet. Dies erhöht die Einspritzmenge; durch die Abweichung der Sollmenge im Kennfeld zur Istmenge werden die Leistung und der Schadstoffausstoß beeinflusst. Durch präzise arbeitende Einspritzsysteme mit elektronischer Dieselregelung kann dieser Einfluss kompensiert und die erforderliche

3) Sie entspricht der halben Motordrehzahl bei Viertaktmotoren

Einspritzmenge sehr genau zugemessen werden.

Einspritzdauer

Eine Hauptgröße des Einspritzverlaufs ist die Einspritzdauer, während der die Einspritzdüse geöffnet ist und Kraftstoff in den Brennraum eingespritzt wird. Sie wird in Grad Kurbelwellen- bzw. Nockenwellenwinkel (°KW bzw. °NW) oder in Millisekunden angegeben. Die verschiedenen Diesel-Verbrennungsverfahren erfordern jeweils eine unterschiedliche Einspritzdauer (ungefähre Angaben bei Nennleistung):

▸ Pkw-Direkteinspritzmotoren
 ca. 32...38°KW,
▸ Pkw-Kammermotoren 35...40°KW und
▸ Nkw-Direkteinspritzmotoren
 25...36°KW.

Ein während der Einspritzdauer überstrichener Kurbelwellenwinkel von 30°KW entspricht 15°NW. Dies ergibt bei einer Einspritzpumpendrehzahl[3]) von 2000 min^{-1} eine Einspritzdauer von 1,25 ms.

Um den Kraftstoffverbrauch und die Emission gering zu halten, muss die Einspritzdauer abhängig vom Betriebspunkt festgelegt und auf den Einspritzbeginn abgestimmt sein (Bilder 6 und 9).

Einspritzverlauf

Der Einspritzverlauf beschreibt den zeitlichen Verlauf des Kraftstoffmassenstroms, der während der Einspritzdauer in den Brennraum eingespritzt wird.

Einspritzverlauf bei nockengesteuerten Einspritzsystemen

Bei nockengesteuerten Einspritzsystemen wird der Druck während des Einspritzvorgangs durch einen Pumpenkolben kontinuierlich aufgebaut. Dabei hat die Kolbengeschwindigkeit direkten Einfluss auf die Fördergeschwindigkeit und somit auf den Einspritzdruck.

Bei kantengesteuerten Verteiler- und Reiheneinspritzpumpen lässt sich keine

6 Spezifischer Kraftstoffverbrauch b_e in g/kWh in Abhängigkeit von Einspritzbeginn und Einspritzdauer

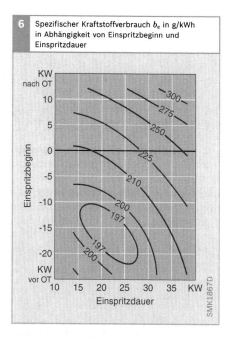

7 Spezifische Stickoxidemissionen (NO_x) in g/kWh in Abhängigkeit von Einspritzbeginn und Einspritzdauer

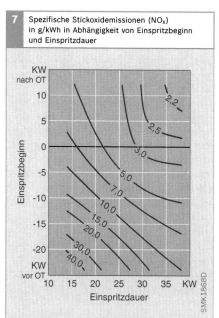

8 Spezifische Emissionen unverbrannter Kohlenwasserstoffe (HC) in g/kWh in Abhängigkeit von Einspritzbeginn und Einspritzdauer

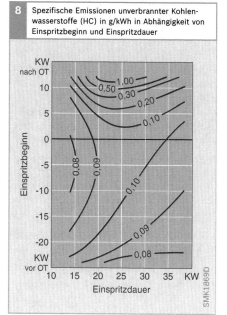

9 Spezifische Rußemissionen in g/kWh in Abhängigkeit von Einspritzbeginn und Einspritzdauer

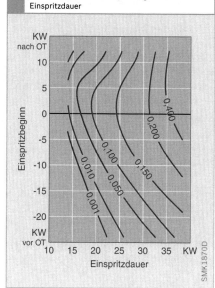

Bilder 6 bis 9
Motor:
Sechszylinder-Nkw-
Dieselmotor mit
Common Rail Einspritzsystem.
Betriebspunkt:
n = 1400 min^{-1},
50 % Volllast.

Die Variation der Einspritzdauer erfolgt in diesem Beispiel durch Veränderung des Einspritzdrucks derart, dass sich je Einspritzvorgang eine konstante Einspritzmenge ergibt.

Voreinspritzung realisieren. Zweifederdüsenhalter bieten hier jedoch die Möglichkeit, zu Beginn der Einspritzung die Einspritzrate zu verringern, um eine Verbesserung im Hinblick auf das Verbrennungsgeräusch zu erzielen.

Bei magnetventilgesteuerten Verteilereinspritzpumpen ist auch eine Voreinspritzung möglich. Bei Unit Injector Systemen (UIS) für Pkw ist eine mechanisch-hydraulisch gesteuerte Voreinspritzung realisiert, die aber zeitlich nur begrenzt gesteuert werden kann.

Die Druckerzeugung und die Bereitstellung der Einspritzmenge sind bei nockengesteuerten Systemen durch Nocken und Förderkolben gekoppelt. Dies hat folgende Konsequenzen für das Einspritzverhalten:
▶ Der Einspritzdruck steigt mit zunehmender Drehzahl und, bis zum Erreichen des Maximaldrucks, mit der Einspritzmenge (Bild 10),
▶ zu Beginn der Einspritzung steigt der Einspritzdruck an, fällt aber vor dem Ende der Einspritzung (ab Förderende) wieder bis auf den Düsenschließdruck ab.

Die Folgen hiervon sind:
▶ Kleine Einspritzmengen werden mit geringeren Drücken eingespritzt und
▶ der Einspritzverlauf ist annähernd dreieckförmig.

Dieser dreieckförmige Verlauf ist in der Teillast und im unteren Drehzahlbereich für die Verbrennung günstig, da ein weicher Druckanstieg und damit eine leise Verbrennung erreicht wird; ungünstig ist dieser Verlauf bei Volllast, da hier ein möglichst rechteckförmiger Verlauf mit hohen Einspritzraten eine bessere Luftausnutzung erzielt.

Bei Kammermotoren (Vorkammer- oder Wirbelkammermotoren) werden Drosselzapfendüsen verwendet, die einen einzigen Kraftstoffstrahl erzeugen und den Einspritzverlauf formen. Diese Einspritzdüsen steuern den Ausflussquerschnitt abhängig vom Düsennadelhub. Dies führt auch zu einem weichen Druckanstieg und somit zu einer „leisen Verbrennung".

Einspritzverlauf bei Common Rail

Eine Hochdruckpumpe erzeugt den Raildruck unabhängig von der Einspritzung. Der Einspritzdruck ist während des Einspritzvorgangs näherungsweise konstant (Bild 11). Die eingespritzte Kraftstoffmenge ist bei gegebenem Druck proportional zur Einschaltzeit des Ventils im Injektor und unabhängig von der Motor- bzw. der Pumpendrehzahl (zeitgesteuerte Einspritzung).

Hieraus resultiert ein nahezu rechteckiger Einspritzverlauf, der aufgrund kurzer Spritzdauern und nahezu konstant hoher

Bild 10
1 Hohe Motor-
drehzahlen
2 mittlere Motor-
drehzahlen
3 niedrige Motor-
drehzahlen

Bild 11
p_r Raildruck
p_0 Düsenöffnungs-
druck

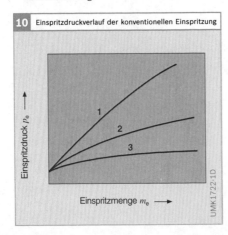

10 Einspritzdruckverlauf der konventionellen Einspritzung

Einspritzdruck p_e →

Einspritzmenge m_e →

UMK1722-1D

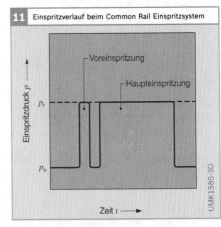

11 Einspritzverlauf beim Common Rail Einspritzsystem

Voreinspritzung

Haupteinspritzung

Einspritzdruck p →

p_r

p_0

Zeit t →

UMK1585-3D

Strahlgeschwindigkeiten die Luftausnutzung bei Volllast intensiviert und somit höhere spezifische Leistungen zulässt.

Hinsichtlich des Verbrennungsgeräusches ist dies eher ungünstig, da durch die hohe Einspritzrate zu Beginn der Einspritzung eine große Menge Kraftstoff während des Zündverzugs eingespritzt wird und zu einem hohen Druckanstieg während der vorgemischten Verbrennung führt. Aufgrund der Möglichkeit, bis zu zwei Voreinspritzungen abzusetzen, kann der Brennraum jedoch vorkonditioniert werden, wodurch der Zündverzug verkürzt wird und so niedrigste Geräuschwerte realisiert werden können.

Da das Steuergerät die Injektoren ansteuert, können Einspritzbeginn, Einspritzdauer und Einspritzdruck für die verschiedenen Betriebspunkte des Motors bei der Motorapplikation frei festgelegt werden. Sie werden mittels der Elektronischen Dieselregelung (EDC) gesteuert. Über einen Injektormengenabgleich (IMA) gleicht die EDC dabei Mengenstreuungen der einzelnen Injektoren aus.

Moderne Piezo Common Rail Einspritzsysteme erlauben mehrere Vor- und Nacheinspritzungen, wobei bis zu fünf Einspritzvorgänge während eines Arbeitstaktes möglich sind.

Einspritzfunktionen
Je nach Motorapplikation werden folgende Einspritzfunktionen gefordert (Bild 12):
► *Voreinspritzung* (1) zur Verminderung des Verbrennungsgeräusches und der NO_X-Emissionen, besonders bei DI-Motoren,
► *ansteigender Druckverlauf* während der Haupteinspritzung (3) zur Verminderung der NO_X-Emissionen beim Betrieb ohne Abgasrückführung,
► *„bootförmiger" Druckverlauf* (4) während der Haupteinspritzung zur Verminderung der NO_X- und Rußemissionen beim Betrieb ohne Abgasrückführung,
► *konstant hoher Druck* während der Haupteinspritzung (3, 7) zur Verminderung der Rußemissionen beim Betrieb mit Abgasrückführung,
► *frühe Nacheinspritzung* (8) zur Verminderung der Rußemissionen,

Bild 12
Anpassungen für niedrige NO_X-Werte erfordern bei Hochlast Spritzbeginne um OT. Der Förderbeginn liegt deutlich vor dem Spritzbeginn, der Spritzverzug ist abhängig vom Einspritzsystem.

1 Voreinspritzung
2 Haupteinspritzung
3 steiler Druckanstieg (Common Rail)
4 „bootförmiger" Druckanstieg (UPS mit zweistufig öffnender Magnetventilnadel CCRS). Mit Zweifeder-Düsenhaltern kann ein bootförmiger Verlauf des Düsennadelhubs (nicht Druckverlauf!) erzielt werden.
5 ansteigender Druckverlauf (konventionelle Einspritzung)
6 flacher Druckabfall (Reihen- und Verteilereinspritzpumpen)
7 steiler Druckabfall (UIS, UPS, für Common Rail etwas flacher)
8 frühe Nacheinspritzung
9 späte Nacheinspritzung

p_s Spitzendruck
p_o Düsenöffnungsdruck
b Brenndauer der Haupteinspritzung
v Brenndauer der Voreinspritzung
ZV Zündverzug der Haupteinspritzung

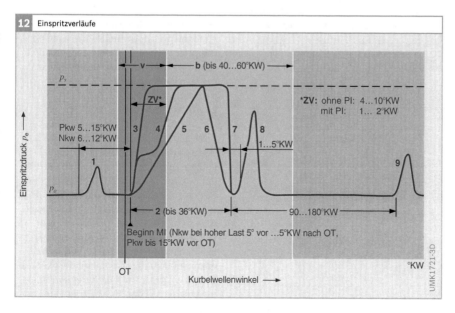

12 Einspritzverläufe

UMK1721-3D

▶ *späte Nacheinspritzung* (9) zur Regeneration nachgeschalteter Abgasnachbehandlungssysteme.

Voreinspritzung

Durch die Verbrennung einer geringen Kraftstoffmenge (ca. 1 mg) während der Kompressionsphase wird das Druck- und Temperaturniveau im Zylinder zum Zeitpunkt der Haupteinspritzung erhöht (Bild 13). Hierdurch verkürzt sich der Zündverzug der Haupteinspritzung. Dies wirkt sich günstig auf das Verbrennungsgeräusch aus, da der Kraftstoffanteil der vorgemischten Verbrennung abnimmt. Gleichzeitig nimmt die diffusiv verbrannte Kraftstoffmenge zu. Dadurch und wegen des angehobenen Temperaturniveaus im Zylinder nehmen die Ruß- und NO_x-Emissionen zu.

Andererseits sind die höheren Brennraumtemperaturen vor allem beim Kaltstart und im unteren Lastbereich günstig, um die Verbrennung zu stabilisieren und damit die HC- und CO-Emissionen zu senken.

Durch eine Anpassung des zeitlichen Abstandes zwischen Vor- und Haupteinspritzung und Dosierung der Voreinspritzmenge lässt sich betriebspunktabhängig ein günstiger Kompromiss zwischen Verbrennungsgeräusch und NO_x-Emissionen einstellen.

Späte Nacheinspritzung

Bei der späten Nacheinspritzung wird der Kraftstoff nicht verbrannt, sondern durch die Restwärme im Abgas verdampft. Die Nacheinspritzung folgt der Haupteinspritzung während des Expansions- oder Ausstoßtaktes bis 200 °KW nach OT. Sie bringt eine genau dosierte Menge Kraftstoff in das Abgas ein. Dieses Abgas-Kraftstoff-Gemisch wird im Ausstoßtakt über die Auslassventile zur Abgasanlage geführt.

Die späte Nacheinspritzung dient im Wesentlichen zur Bereitstellung von Kohlenwasserstoffen, die durch Oxidation an einem Oxidationskatalysator ebenfalls eine Erhöhung der Abgastemperatur bewirken. Diese Maßnahme wird zur Regeneration nachgeschalteter Abgasnachbehandlungssysteme wie Partikelfilter oder NO_x-Speicherkatalysatoren eingesetzt.

Da die späte Nacheinspritzung zu einer Verdünnung des Motoröls durch den Dieselkraftstoff führen kann, muss sie mit dem Motorhersteller abgestimmt sein.

Frühe Nacheinspritzung

Beim Common Rail System kann eine Nacheinspritzung unmittelbar nach der Haupteinspritzung in die noch andauernde Verbrennung realisiert werden. Rußpartikel werden auf diese Weise nachverbrannt und der Rußausstoß um 20…70 % verringert.

Zeitverhalten im Einspritzsystem

Bild 14 stellt am Beispiel einer Radialkolben-Verteilereinspritzpumpe (VP44) dar, wie der Nocken am Nockenring die Förderung einleitet und der Kraftstoff schließlich an der Düse austritt. Es zeigt, dass sich Druck- und Einspritzverlauf vom Hochdruckraum (Elementraum) bis zur Düse stark verändern und durch die einspritzbestimmenden Bauteile (Nocken, Element, Druckventil, Leitung und Düse) beeinflusst werden. Deshalb ist eine ge-

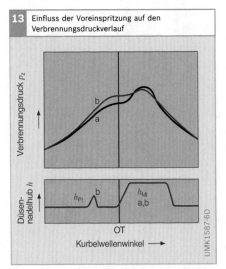

13 Einfluss der Voreinspritzung auf den Verbrennungsdruckverlauf

Verbrennungsdruck p_z

b
a

Düsennadelhub h

h_{Pl} b
              h_{MI}
              a,b

OT

Kurbelwellenwinkel ⟶

UMK1587-6D

Bild 13

a   Ohne Voreinspritzung

b   mit Voreinspritzung

h_{Pl} Nadelhub bei der Voreinspritzung

h_{MI} Nadelhub bei der Haupteinspritzung

naue Abstimmung des Einspritzsystems auf den Motor notwendig.

Bei allen Einspritzsystemen, bei denen der Druck durch einen Pumpenkolben aufgebaut wird (Reiheneinspritzpumpen, Unit Injector und Unit Pump) ist das Verhalten ähnlich.

Schadvolumen bei konventionellen Einspritzsystemen

Der Begriff Schadvolumen bezeichnet das hochdruckseitige Volumen des Einspritzsystems. Dies setzt sich aus dem Hochdruckbereich der Einspritzpumpe, den Kraftstoffleitungen und dem Volumen der Düsenhalterkombination zusammen. Das Schadvolumen wird bei jeder Einspritzung „aufgepumpt" und am Ende wieder entspannt. Dadurch entstehen Kompressionsverluste und der Einspritzverlauf wird verschleppt. Im „fadenförmigen" Volumen der Leitung wird der Kraftstoff dabei durch die dynamischen Vorgänge der Druckwelle komprimiert.

Je größer das Schadvolumen ist, desto schlechter ist der hydraulische Wirkungsgrad des Einspritzsystems. Ziel bei der Entwicklung eines Einspritzsystems ist es daher, das Schadvolumen so klein wie möglich zu halten. Beim Unit Injector System ist das Schadvolumen am kleinsten.

Um eine einheitliche Regelung für den Motor zu gewährleisten, müssen die Schadvolumina für alle Zylinder gleich groß sein.

Einspritzdruck

Beim Einspritzen wird die Druckenergie im Kraftstoff in Strömungsenergie umgesetzt. Ein hoher Kraftstoffdruck führt zu einer hohen Austrittgeschwindigkeit des Kraftstoffs am Ausgang der Einspritzdüse. Die Zerstäubung erfolgt über den Impulsaustausch des turbulenten Einspritzstrahls mit der Luft im Brennraum. Der Dieselkraftstoff wird deshalb umso feiner zerstäubt, je höher die Relativgeschwindigkeit zwischen Kraftstoff und Luft und je höher die Dichte der Luft im Brennraum ist. Durch

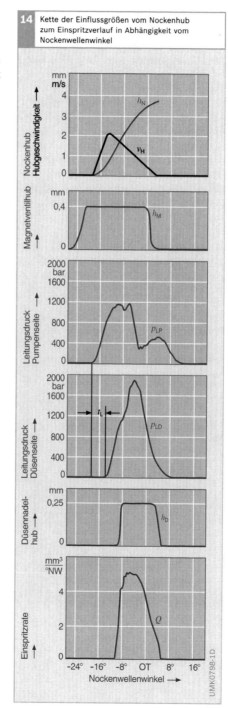

14 Kette der Einflussgrößen vom Nockenhub zum Einspritzverlauf in Abhängigkeit vom Nockenwellenwinkel

Bild 14
Beispiel einer Radialkolben-Verteilereinspritzpumpe (VP-44) bei Volllast ohne Voreinspritzung

t_L Laufzeit des Kraftstoffs in der Leitung

eine auf die reflektierte Druckwelle abgestimmte Länge der Hochdruck-Kraftstoffleitung kann der Einspritzdruck an der Düse höher sein als in der Einspritzpumpe.

Motoren mit Direkteinspritzung (DI)
Bei Dieselmotoren mit direkter Einspritzung ist die Geschwindigkeit der Luft im Brennraum verhältnismäßig gering, da sie sich nur aufgrund ihrer Massenträgheit bewegt (d. h., die Luft will ihre Eintrittsgeschwindigkeit beibehalten, es entsteht ein Drall). Die Kolbenbewegung verstärkt den Drall im Zylinder, da die Quetschströmung die Luft in die Kolbenmulde und so auf einen geringeren Durchmesser zwingt. Insgesamt ist die Luftbewegung aber geringer als bei Kammermotoren.

Wegen der geringen Luftbewegung muss der Kraftstoff mit hohem Druck eingespritzt werden. Einspritzsysteme erzeugen derzeit bei Volllast Spitzendrücke von 1000...2200 bar. Der Spitzendruck steht jedoch – außer beim Common Rail System – nur im oberen Drehzahlbereich zur Verfügung.

Für einen günstigen Drehmomentverlauf bei gleichzeitig raucharmem Betrieb (d. h. bei geringen Partikelemissionen) ist ein verhältnismäßig hoher, an das Brennverfahren angepasster Einspritzdruck bei niedrigen Volllastdrehzahlen entscheidend. Da bei niedrigen Drehzahlen die Luftdichte im Zylinder verhältnismäßig gering ist, muss der Einspritzdruck so weit begrenzt werden, dass ein Kraftstoffwandauftrag vermieden wird. Ab etwa 2000 min^{-1} ist der maximale Ladedruck verfügbar, sodass der Einspritzdruck auf den maximalen Wert angehoben werden kann.

Um einen günstigen Motorwirkungsgrad zu erzielen, muss die Einspritzung innerhalb eines bestimmten, drehzahlabhängigen Winkelfensters um OT herum erfolgen. Bei hohen Drehzahlen (Nennleistung) sind daher hohe Einspritzdrücke erforderlich, um die Einspritzdauer zu verkürzen.

Motoren mit indirekter Einspritzung (IDI)
Bei Dieselmotoren mit geteiltem Brennraum treibt der ansteigende Verbrennungsdruck die Ladung aus der Vor- oder Wirbelkammer (Nebenbrennraum) in den Hauptbrennraum. Dieses Verfahren arbeitet mit hohen Luftgeschwindigkeiten im Nebenbrennraum und im Verbindungskanal zwischen Neben- und Hauptbrennraum.

15 Einfluss des Einspritzdrucks und des Spritzbeginns auf Kraftstoffverbrauch, Ruß- und Stickoxidemissionen

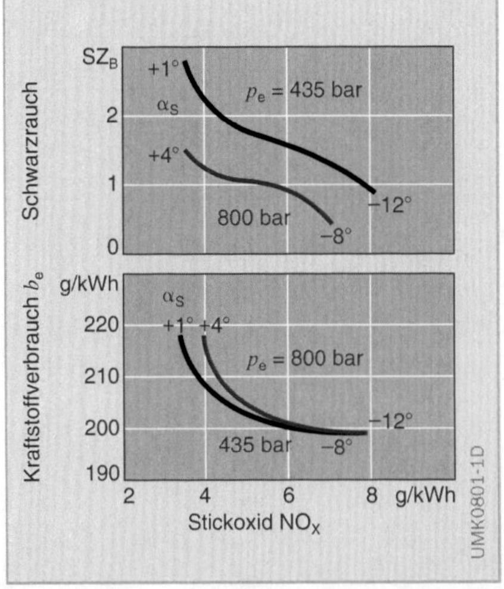

Bild 15
Direkteinspritzmotor,
Motordrehzahl
1200 min^{-1},
Mitteldruck 16,2 bar

p_e Einspritzdruck
α_S Spritzbeginn nach OT
SZ_B Schwärzungszahl

Düsen- und Düsenhalter-Ausführung

Nachspritzer

Besonders ungünstig auf die Abgasqualität wirken sich ungewollte „Nachspritzer" aus. Beim Nachspritzen öffnet die Einspritzdüse nach dem Schließen noch einmal kurz und spritzt zu einem späten Zeitpunkt der Verbrennung schlecht aufbereiteten Kraftstoff ab. Dieser Kraftstoff verbrennt unvollständig oder gar nicht und strömt als unverbrannter Kohlenwasserstoff in den Auspuff. Schnell schließende Düsenhalterkombinationen mit ausreichend hohem Schließdruck und niedrigem Standdruck in der Leitung verhindern diesen Effekt.

Restvolumen

Ähnlich wie das Nachspritzen wirkt sich das Restvolumen in der Einspritzdüse stromabwärts des Dichtsitzes aus. Der in einem solchen Volumen gespeicherte Kraftstoff tritt nach dem Abschluss der Verbrennung in den Brennraum aus und strömt ebenfalls teilweise in den Auspuff. Auch dieser Kraftstoff erhöht die Emission der unverbrannten Kohlenwasserstoffe

(Bild 16). Sitzlochdüsen, bei denen die Spritzlöcher in den Dichtsitz gebohrt sind, weisen das kleinste Restvolumen auf.

Einspritzrichtung

Motoren mit Direkteinspritzung (DI)
Dieselmotoren mit direkter Einspritzung arbeiten im Allgemeinen mit möglichst zentral angeordneten Lochdüsen mit 4 bis 10 Spritzlöchern (meist 6 bis 8 Löcher). Die Einspritzrichtung ist sehr genau an den Brennraum angepasst. Abweichungen in der Größenordnung von 2 Grad von der optimalen Einspritzrichtung führen zu einer messbaren Erhöhung der Rußemissionen und des Kraftstoffverbrauchs.

Motoren mit indirekter Einspritzung (IDI)
Kammermotoren arbeiten mit Zapfendüsen mit nur einem Einspritzstrahl. Die Düse spritzt in die Vor- bzw. Wirbelkammer so ein, dass die Glühstiftkerze vom Einspritzstrahl tangiert wird. Die Strahlrichtung ist genau auf den Brennraum abgestimmt. Abweichungen davon führen zu einer schlechteren Ausnutzung der Verbrennungsluft und damit zu einem Anstieg von Ruß- und Kohlenwasserstoffemission.

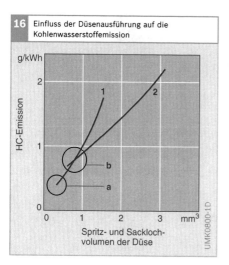

16 Einfluss der Düsenausführung auf die Kohlenwasserstoffemission

g/kWh
HC-Emission
Spritz- und Sackloch-volumen der Düse
UMK0800-1D

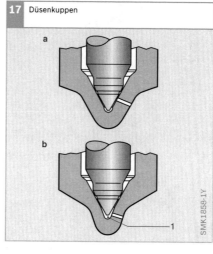

17 Düsenkuppen

a

b

SMK1858-1Y

Bild 16
a Sitzlochdüse
b Düse mit Mikrosackloch

1 Motor mit 1 l/Zylinder
2 Motor mit 2 l/Zylinder

Bild 17
a Sitzlochdüse
b Düse mit Mikrosackloch
1 Restvolumen

Diesel-Einspritzsysteme im Überblick

Das Einspritzsystem spritzt den Kraftstoff unter hohem Druck, zum richtigen Zeitpunkt und in der richtigen Menge in den Brennraum ein. Wesentliche Komponenten des Einspritzsystems sind die Einspritzpumpe, die den Hochdruck erzeugt, sowie die Einspritzdüsen, die – außer beim Unit Injector System – über Hochdruckleitungen mit der Einspritzpumpe verbunden sind. Die Einspritzdüsen ragen in den Brennraum der einzelnen Zylinder.

Bei den meisten Systemen öffnet die Düse, wenn der Kraftstoffdruck einen bestimmten Öffnungsdruck erreicht und schließt, wenn er unter dieses Niveau abfällt. Nur beim Common Rail System wird die Düse durch eine elektronische Regelung fremdgesteuert.

Bauarten

Die Einspritzsysteme unterscheiden sich i. W. in der Hochdruckerzeugung und in der Steuerung von Einspritzbeginn und -dauer. Während ältere Systeme z. T. noch rein mechanisch gesteuert werden, hat sich heute die elektronische Regelung durchgesetzt.

Reiheneinspritzpumpen

Standard-Reiheneinspritzpumpen

Reiheneinspritzpumpen (Bild 1) haben je Motorzylinder ein Pumpenelement, das aus Pumpenzylinder (1) und Pumpenkolben (4) besteht. Der Pumpenkolben wird durch die in der Einspritzpumpe integrierte und vom Motor angetriebene Nockenwelle (7) in Förderrichtung (hier nach oben) bewegt und durch die Kolbenfeder (5) zurückgedrückt. Die einzelnen Pumpenelemente sind in Reihe angeordnet (daher der Name Reiheneinspritzpumpe).

Der Hub des Kolbens ist unveränderlich. Verschließt die Oberkante des Kolbens bei der Aufwärtsbewegung die Ansaugöffnung (2), beginnt der Hochdruckaufbau. Dieser Zeitpunkt wird Förderbeginn genannt. Der Kolben bewegt sich weiter aufwärts. Dadurch steigt der Kraftstoffdruck, die Düse öffnet und Kraftstoff wird eingespritzt.

Gibt die im Kolben schräg eingearbeitete Steuerkante (3) die Ansaugöffnung frei, kann Kraftstoff abfließen und der Druck bricht zusammen. Die Düsennadel schließt und die Einspritzung ist beendet.

Der Kolbenweg zwischen Verschließen und Öffnen der Ansaugöffnung ist der Nutzhub.

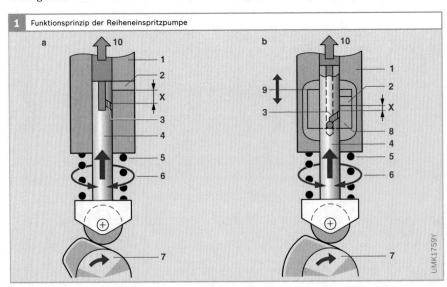

1 Funktionsprinzip der Reiheneinspritzpumpe

2 Funktionsprinzip der kantengesteuerten Axialkolben-Verteilereinspritzpumpen

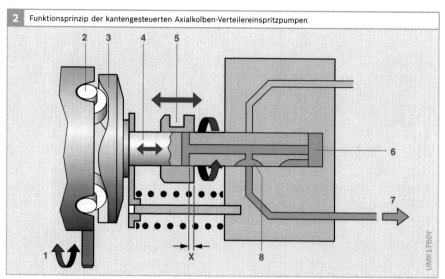

Bild 2
1 Spritzverstellerweg am Rollenring
2 Rolle
3 Hubscheibe
4 Axialkolben
5 Regelschieber
6 Hochdruckraum
7 Kraftstofffluss zur Einspritzdüse
8 Steuerschlitz
X Nutzhub

Je größer der Nutzhub ist, desto größer ist auch die Förder- bzw. Einspritzmenge.

Zur drehzahl- und lastabhängigen Steuerung der Einspritzmenge wird über eine Regelstange der Pumpenkolben verdreht. Dadurch verändert sich die Lage der Steuerkante relativ zur Ansaugöffnung und damit der Nutzhub. Die Regelstange wird durch einen mechanischen Fliehkraftregler oder ein elektrisches Stellwerk gesteuert.

Einspritzpumpen, die nach diesem Prinzip arbeiten, heißen „kantengesteuert".

Hubschieber-Reiheneinspritzpumpen
Die Hubschieber-Reiheneinspritzpumpe hat einen auf dem Pumpenkolben gleitenden Hubschieber (Bild 1, Pos. 8), mit dem der Vorhub - d. h. der Kolbenweg bis zum Verschließen der Ansaugöffnung - über eine Stellwelle verändert werden kann. Dadurch wird der Förderbeginn verschoben.

Hubschieber-Reiheneinspritzpumpen werden immer elektronisch geregelt. Einspritzmenge und Spritzbeginn werden nach berechneten Sollwerten eingestellt.

Bei der Standard-Reiheneinspritzpumpe hingegen ist der Spritzbeginn abhängig von der Motordrehzahl.

Verteilereinspritzpumpen
Verteilereinspritzpumpen haben nur ein Hochdruckpumpenelement für alle Zylinder (Bilder 2 und 3). Eine Flügelzellenpumpe fördert den Kraftstoff in den Hochdruckraum (6). Die Hochdruckerzeugung erfolgt durch einen Axialkolben (Bild 2, Pos. 4) oder mehrere Radialkolben (Bild 3, Pos. 4). Ein rotierender zentraler Verteilerkolben öffnet und schließt Steuerschlitze (8) und Steuerbohrungen und verteilt so den Kraftstoff auf die einzelnen Motorzylinder. Die Einspritzdauer wird über einen Regelschieber (Bild 2, Pos. 5) oder über ein Hochdruckmagnetventil (Bild 3, Pos. 5) geregelt.

Axialkolben-Verteilereinspritzpumpen
Eine rotierende Hubscheibe (Bild 2, Pos. 3) wird vom Motor angetrieben. Die Anzahl der Nockenerhebungen auf der Hubscheibenunterseite entspricht der Anzahl der Motorzylinder. Sie wälzen sich auf den Rollen (2) des Rollenrings ab und bewirken dadurch beim Verteilerkolben zusätzlich zur Drehbewegung eine Hubbewegung. Während einer Umdrehung der Antriebswelle macht der Kolben so viele Hübe, wie Motorzylinder zu versorgen sind.

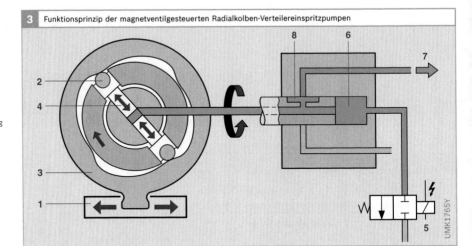

3 Funktionsprinzip der magnetventilgesteuerten Radialkolben-Verteilereinspritzpumpen

Bild 3
1 Spritzverstellerweg
  am Nockenring
2 Rolle
3 Nockenring
4 Radialkolben
5 Hochdruck-
  magnetventil
6 Hochdruckraum
7 Kraftstofffluss zur
  Einspritzdüse
8 Steuerschlitz

Bei der kantengesteuerten Axialkolben-Verteilereinspritzpumpe mit mechanischem Fliehkraft-Drehzahlregler oder elektronisch geregeltem Stellwerk bestimmt ein Regelschieber (5) den Nutzhub und dosiert dadurch die Einspritzmenge.

Ein Spritzversteller verstellt den Förderbeginn der Pumpe durch Verdrehen des Rollenrings.

Radialkolben-Verteilereinspritzpumpen
Die Hochdruckerzeugung erfolgt durch eine Radialkolbenpumpe mit Nockenring (Bild 3, Pos. 3) und zwei bis vier Radialkolben (4). Mit Radialkolbenpumpen können höhere Einspritzdrücke erzielt werden als mit Axialkolbenpumpen. Sie müssen jedoch eine höhere mechanische Festigkeit aufweisen.

Der Nockenring kann durch den Spritzversteller (1) verdreht werden, wodurch der Förderbeginn verschoben wird. Einspritzbeginn und Einspritzdauer sind bei der Radialkolben-Verteilereinspritzpumpe ausschließlich magnetventilgesteuert.

Magnetventilgesteuerte Verteilereinspritzpumpen
Bei magnetventilgesteuerten Verteilereinspritzpumpen dosiert ein elektronisch gesteuertes Hochdruckmagnetventil (5) die Einspritzmenge und verändert den Einspritzbeginn. Ist das Magnetventil geschlossen, kann sich im Hochdruckraum (6) Druck aufbauen. Ist es geöffnet, entweicht der Kraftstoff, sodass kein Druck aufgebaut und dadurch nicht eingespritzt werden kann. Ein oder zwei elektronische Steuergeräte (Pumpen- und ggf. Motorsteuergerät) erzeugen die Steuer- und Regelsignale.

Einzeleinspritzpumpen PF
Die vor allem für Schiffsmotoren, Diesellokomotiven, Baumaschinen und Kleinmotoren eingesetzten Einzeleinspritzpumpen PF (Pumpe mit Fremdantrieb) werden direkt von der Motornockenwelle angetrieben. Die Motornockenwelle hat – neben den Nocken für die Ventilsteuerung des Motors – Antriebsnocken für die einzelnen Einspritzpumpen.

Die Arbeitsweise der Einzeleinspritzpumpe PF entspricht ansonsten im Wesentlichen der Reiheneinspritzpumpe.

Unit Injector System UIS

Beim Unit Injector System, UIS (auch Pumpe-Düse-Einheit, PDE, genannt), bilden die Einspritzpumpe und die Einspritzdüse eine Einheit (Bild 4). Pro Motorzylinder ist ein Unit Injector in den Zylinderkopf eingebaut. Er wird von der Motornockenwelle entweder direkt über einen Stößel oder indirekt über Kipphebel angetrieben.

Durch die integrierte Bauweise des Unit Injectors entfällt die bei anderen Einspritzsystemen erforderlich Hochdruckleitung zwischen Einspritzpumpe und Einspritzdüse. Dadurch kann das Unit Injector System auf einen wesentlich höheren Einspritzdruck ausgelegt werden. Der maximale Einspritzdruck liegt derzeit bei 2200 bar (für Nkw).

Das Unit Injector System wird elektronisch gesteuert. Einspritzbeginn und -dauer werden von einem Steuergerät berechnet und über ein Hochdruckmagnetventil gesteuert.

Unit Pump System UPS

Das modulare Unit Pump System, UPS (auch Pumpe-Leitung-Düse, PLD, genannt), arbeitet nach dem gleichen Verfahren wie das Unit Injector System (Bild 5). Im Gegensatz zum Unit Injector System sind die Düsenhalterkombination (2) und die Einspritzpumpe über eine kurze, genau auf die Komponenten abgestimmte Hochdruckleitung (3) verbunden. Diese Trennung von Hochdruckerzeugung und Düsenhalterkombination erlaubt einen einfacheren Anbau am Motor. Je Motorzylinder ist eine Einspritzeinheit (Einspritzpumpe, Leitung und Düsenhalterkombination) eingebaut. Sie wird von der Nockenwelle des Motors (6) angetrieben.

Auch beim Unit Pump System werden Einspritzdauer und Einspritzbeginn mit einem schnell schaltenden Hochdruckmagnetventil (4) elektronisch geregelt.

---

4 Funktionsprinzip der Hochdruckkomponenten des Unit Injector Systems

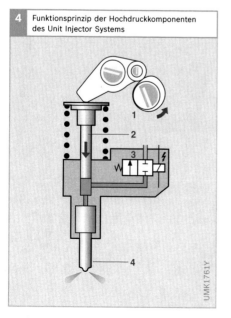

5 Funktionsprinzip der Hochdruckkomponenten des Unit Pump Systems

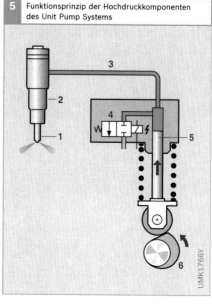

Bild 4
1 Antriebsnocken
2 Pumpenkolben
3 Hochdruck-
  magnetventil
4 Einspritzdüse

Bild 5
1 Einspritzdüse
2 Düsenhalter-
  kombination
3 Hochdruckleitung
4 Hochdruck-
  magnetventil
5 Pumpenkolben
6 Antriebsnocken

Common Rail System CR

Beim Hochdruckspeicher-Einspritzsystem Common Rail sind Druckerzeugung und Einspritzung entkoppelt.Dies geschieht mithilfe eines Speichervolumens, das sich aus der gemeinsamen Verteilerleiste (Common Rail) und den Injektoren zusammensetzt (Bild 6). Der Einspritzdruck wird weitgehend unabhängig von Motordrehzahl und Einspritzmenge von einer Hochdruckpumpe erzeugt. Das System bietet damit eine hohe Flexibilität bei der Gestaltung der Einspritzung.

Das Druckniveau liegt derzeit bei bis zu 2200 bar.

Funktionsweise

Eine Vorförderpumpe fördert Kraftstoff über ein Filter mit Wasserabscheider zur Hochdruckpumpe. Die Hochdruckpumpe sorgt für den permanent erforderlichen hohen Kraftstoffdruck im Rail.

Einspritzzeitpunkt und Einspritzmenge sowie Raildruck werden in der elektronischen Dieselregelung (EDC, Electronic Diesel Control) abhängig vom Betriebszustand des Motors und den Umgebungsbedingungen berechnet.

Die Dosierung des Kraftstoffs erfolgt über die Regelung von Einspritzdauer und Einspritzdruck. Über das Druckregelventil, das überschüssigen Kraftstoff zum Kraftstoffbehälter zurückleitet, wird der Druck geregelt. In einer neueren CR-Generation wird die Dosierung mit einer Zumesseinheit im Niederdruckteil vorgenommen, welche die Förderleistung der Pumpe regelt.

Der Injektor ist über kurze Zuleitungen ans Rail angeschlossen. Bei früheren CR-Generationen kommen Magnetventil-Injektoren zum Einsatz, während beim neuesten System Piezo-Inline-Injektoren verwendet werden. Bei ihnen sind die bewegten Massen und die innere Reibung reduziert, wodurch sich sehr kurze Abstände zwischen den Einspritzungen realisieren lassen. Dies wirkt sich positiv auf die Emissionen aus.

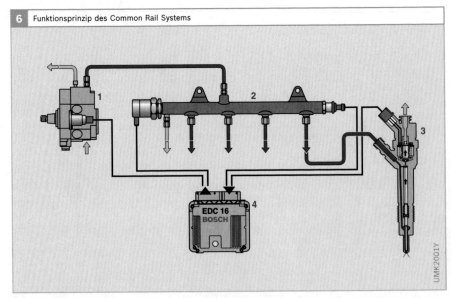

6   Funktionsprinzip des Common Rail Systems

Bild 6
1   Hochdruckpumpe
2   Rail
3   Injektor
4   EDC-Steuergerät

▶ Diesel-Einspritzsysteme im Überblick

Einsatzgebiete

Dieselmotoren zeichnen sich durch ihre hohe Wirtschaftlichkeit aus. Seit dem Produktionsbeginn der ersten Serien-Einspritzpumpe von Bosch im Jahre 1927 werden die Einspritzsysteme ständig weiterentwickelt.

Dieselmotoren werden in vielfältigen Ausführungen eingesetzt (Bild 1), z. B. als
▶ Antrieb für mobile Stromerzeuger (bis ca. 10 kW/Zylinder),
▶ schnell laufende Motoren für Pkw und leichte Nkw (bis ca. 50 kW/Zylinder),
▶ Motoren für Bau-, Land- und Forstwirtschaft (bis ca. 50 kW/Zylinder),
▶ Motoren für schwere Nkw, Busse und Schlepper (bis ca. 80 kW/Zylinder),
▶ Stationärmotoren, z. B. für Notstromaggregate (bis ca. 160 kW/Zylinder),
▶ Motoren für Lokomotiven und Schiffe (bis zu 1000 kW/Zylinder).

Anforderungen

Schärfer werdende Vorschriften für Abgas- und Geräuschemissionen und der Wunsch nach niedrigerem Kraftstoffverbrauch stellen immer neue Anforderungen an die Einspritzanlage eines Dieselmotors.

Grundsätzlich muss die Einspritzanlage den Kraftstoff für eine gute Gemischaufbereitung je nach Diesel-Verbrennungsverfahren (Direkt- oder Indirekteinspritzung) und Betriebs-zustand mit hohem Druck (heute zwischen 350 und 2050 bar) in den Brennraum des Dieselmotors einspritzen und dabei die Einspritzmenge mit der größtmöglichen Genauigkeit dosieren. Die Last- und Drehzahlregelung des Dieselmotors wird über die Kraftstoffmenge ohne Drosselung der Ansaugluft vorgenommen.

Die mechanische Regelung für Diesel-Einspritzsysteme wird zunehmend durch die Elektronische Dieselregelung (EDC) verdrängt. Im Pkw und Nkw werden die neuen Dieseleinspritzsysteme ausschließlich durch EDC geregelt.

▶ Anwendungsgebiete der Bosch-Diesel-Einspritzsysteme

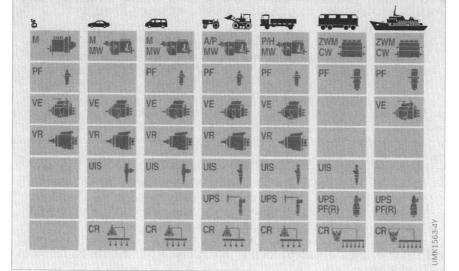

Bild 1
M, MW,
A, P, H,
ZWM,
CW Reiheneinspritzpumpen mit ansteigender Baugröße
PF Einzeleinspritzpumpen
VE Axialkolben-Verteilereinspritzpumpen
VR Radialkolben-Verteilereinspritzpumpen
UIS Unit Injector System
UPS Unit Pump System
CR Common Rail System

UMK1563-4Y

Systemübersicht der Reiheneinspritzpumpen

Kein anderes Einspritzsystem wird so vielseitig verwendet wie die Reiheneinspritzpumpen – der „Klassiker der Dieseleinspritztechnik". Dieses System wurde ständig weiterentwickelt und an das entsprechende Einsatzgebiet angepasst. Deshalb werden auch heute noch zahlreiche Varianten eingesetzt. Die besondere Stärke dieser Pumpen ist ihre Robustheit und Wartungsfreundlichkeit.

Anwendungsgebiete

Die Einspritzanlage versorgt den Dieselmotor mit Kraftstoff. Dazu erzeugt die Einspritzpumpe den zum Einspritzen benötigten Druck und stellt die gewünschte Kraftstoffmenge zur Verfügung. Der Kraftstoff wird über die Hochdruckleitung zur Einspritzdüse gefördert und in den Brennraum des Motors eingespritzt. Die Verbrennungsvorgänge im Dieselmotor hängen in entscheidendem Maße davon ab, in welcher Menge und auf welche Weise der Kraftstoff dem Brennraum zugeführt wird. Die wichtigsten Kriterien sind hierbei:
- der Zeitpunkt und die Zeitdauer der Kraftstoffeinspritzung,
- die Kraftstoffverteilung im Brennraum,
- der Zeitpunkt des Verbrennungsbeginns,
- die zugeführte Kraftstoffmenge je Grad Kurbelwellenwinkel und
- die Gesamtmenge des zugeführten Kraftstoffs entsprechend der gewünschten Motorleistung.

Die Reiheneinspritzpumpe wird in mittleren und schweren Nkw-Motoren und entsprechenden Schiffs- und Stationärmotoren weltweit eingesetzt. Ihre Steuerung erfolgt entweder über einen mechanischen Drehzahlregler und einen fallweise angebauten Spritzversteller oder ein elektronisches Stellwerk (Tabelle 1, nächste Doppelseite).
  Im Gegensatz zu allen anderen Einspritzsystemen wird die Reiheneinspritzpumpe über den Motorölkreislauf geschmiert. Deshalb kommt sie auch mit minderen Kraftstoffqualitäten zurecht.

Ausführungen

Standard-Reiheneinspritzpumpe
Das derzeitig produzierte Spektrum der Standard-Reiheneinspritzpumpen umfasst zahlreiche Pumpentypen (siehe Tabelle 1). Sie werden für Dieselmotoren mit 2…12 Zylindern eingesetzt und decken damit einen Motorleistungsbereich von 10 bis 200 kW pro Zylinder ab. Diese Reiheneinspritzpumpen finden sowohl für direkteinspritzende Motoren (DI) als auch für Kammermotoren (IDI) Verwendung.

Je nach Einspritzdruck, Einspritzmenge und Einspritzdauer stehen folgende Ausführungen zur Verfügung:
- M für 4…6 Zylinder bis 550 bar,
- A für 2…12 Zylinder bis 750 bar,
- P3000 für 4…12 Zylinder bis 950 bar,
- P7100 für 4…12 Zylinder bis 1200 bar,
- P8000 für 6…12 Zylinder bis 1300 bar,
- P8500 für 4…12 Zylinder bis 1300 bar,
- R für 4…12 Zylinder bis 1150 bar,
- P10 für 6…12 Zylinder bis 1200 bar,
- ZW(M) für 4…12 Zylinder bis 950 bar,
- P9 für 6…12 Zylinder bis 1200 bar und
- CW für 6…10 Zylinder bis 1000 bar.

Im Nutzfahrzeugbereich wird hauptsächlich der Typ P eingebaut.

Hubschieber-Reiheneinspritzpumpe
Zu den Reiheneinspritzpumpen zählt auch die Hubschieber-Reiheneinspritzpumpe (Typbezeichnung H), bei der außer der Fördermenge auch der Förderbeginn verändert werden kann. Die „H-Pumpe" wird mit einem elektronischen Regler RE gesteuert, der zwei Stellwerke besitzt. Dieses System ermöglicht die Regelung von Spritzbeginn und Einspritzmenge mithilfe von zwei Regelstangen und macht damit den automatischen Spritzversteller überflüssig. Folgende Ausführungen stehen zur Verfügung:
- H1 für 6…8 Zylinder bis 1300 bar und
- H1000 für 5…8 Zylinder bis 1350 bar.

Aufbau

Zur kompletten Diesel-Einspritzanlage (Bilder 1 und 2) gehören neben der Reiheneinspritzpumpe:
▶ eine Kraftstoffvorförderpumpe zum Ansaugen und Fördern des Kraftstoffs vom Kraftstoffbehälter über das Kraftstofffilter und die Kraftstoffleitung zur Einspritzpumpe,
▶ eine mechanische oder elektronische Regelung für die Motordrehzahl und die einzuspritzende Kraftstoffmenge,
▶ ein Spritzversteller (bei Bedarf) zur drehzahlabhängigen Verstellung des Förderbeginns,
▶ eine der Zylinderzahl entsprechenden Anzahl von Hochdruck-Kraftstoffleitungen und
▶ Düsenhalterkombinationen.

Für die einwandfreie Funktion des Dieselmotors müssen alle Komponenten der Anlage aufeinander abgestimmt sein.

Regelung

Für die Einhaltung der Betriebsbedingungen sorgen Einspritzpumpe und Regler, der auf die Regelstange der Einspritzpumpe einwirkt. Das Drehmoment des Motors ist näherungsweise proportional der Menge des pro Kolbenhub eingespritzten Kraftstoffs.

Mechanische Regler
Der mechanische Regler für Reiheneinspritzpumpen wird auch Fliehkraftregler genannt. Er ist über ein Gestänge und den Verstellhebel mit dem Fahrpedal verbunden. Ausgangsseitig betätigt er die Regelstange der Pumpe. Vom Regler werden je nach Einsatzbereich verschiedene Regelkennfelder gefordert:
▶ Der Enddrehzahlregler RQ begrenzt die Höchstdrehzahl.
▶ Die Leerlauf-Enddrehzahlregler RQ und RQU regeln außer der Enddrehzahl auch die Leerlaufdrehzahl.

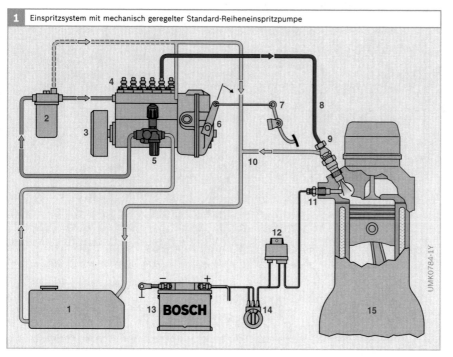

1 Einspritzsystem mit mechanisch geregelter Standard-Reiheneinspritzpumpe

UMK0784-1Y

Bild 1
1 Kraftstoffbehälter
2 Kraftstofffilter mit Überströmventil (Option)
3 Spritzversteller
4 Reiheneinspritzpumpe
5 Kraftstoffvorförderpumpe (an die Einspritzpumpe angebaut)
6 Drehzahlregler
7 Fahrpedal
8 Hochdruck-Kraftstoffleitung
9 Düsenhalterkombination
10 Kraftstoffrückleitung
11 Glühstiftkerze GLP
12 Glühzeitsteuergerät GZS
13 Batterie
14 Glüh-Start-Schalter („Zündschloss")
15 Dieselmotor mit indirekter Einspritzung (Indirect Injection Engine, IDI)

▶ Die Alldrehzahlregler RQV, RQUV, RQV..K, RSV und RSUV regeln zusätzlich auch die dazwischen liegenden Drehzahlbereiche.

Spritzversteller

Zur Steuerung des Spritzbeginns und zur Kompensation der Druckwellenlaufzeit in der Einspritzleitung dient bei der Standard-Reiheneinspritzpumpe ein Spritzversteller, der den Förderbeginn der Einspritzpumpe mit steigender Drehzahl in Richtung „Früh" verstellt. In Sonderfällen ist eine lastabhängige Steuerung vorgesehen. Die Laststeuerung und Drehzahlsteuerung des Dieselmotors wird von der Einspritzmenge ohne Drosselung der Ansaugluft bestimmt.

Elektronische Regler

Bei Verwendung eines elektronischen Reglers befindet sich am Fahrpedal ein Sensor, der mit dem elektronischen Steuergerät verbunden ist. Es setzt die Fahrpedalstellung unter Berücksichtigung der jeweili-

gen Drehzahl in einen entsprechenden Soll-Regelstangenweg um.

Der elektronische Regler erfüllt wesentlich umfangreichere Anforderungen als der mechanische Regler. Er ermöglicht durch elektrisches Messen, flexible elektronische Datenverarbeitung und durch Regelkreise mit elektrischen Stellern eine erweiterte Verarbeitung von Einflussgrößen, die bisher vom mechanischen Regler nicht berücksichtigt werden konnten.

Die elektronische Dieselregelung gestattet auch einen Datenaustausch mit anderen elektronischen Fahrzeugregelungen (z.B. Antriebsschlupfregelung ASR, elektronische Getriebesteuerung) und damit eine Integration in das Fahrzeug-Gesamtsystem.

Die elektronische Dieselregelung verbessert durch die genaue Dosierung das Emissionsverhalten des Dieselmotors.

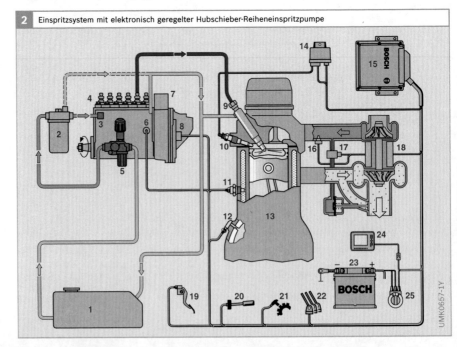

2 Einspritzsystem mit elektronisch geregelter Hubschieber-Reiheneinspritzpumpe

1 Einsatzgebiete der wichtigsten Reiheneinspritzpumpen und ihrer Regler

Einsatzgebiet	Pkw	Stationär-motoren	Nkw	Bau- und Land-maschinen	Lokomotiven	Schiffe
Pumpentyp						
Standard-Reiheneinspritzpumpe M	•	–	–	•	–	–
Standard-Reiheneinspritzpumpe A	–	•	–	•	–	–
Standard-Reiheneinspritzpumpe MW[1])	–	–	•	•	–	–
Standard-Reiheneinspritzpumpe P	–	•	•	•	•	•
Standard-Reiheneinspritzpumpe R[2])	–	–	•	•	•	•
Standard-Reiheneinspritzpumpe P10	–	•	–	•	•	•
Standard-Reiheneinspritzpumpe ZW(M)	–	–	–	–	•	•
Standard-Reiheneinspritzpumpe P9	–	•	–	•	•	•
Standard-Reiheneinspritzpumpe CW	–	–	–	–	•	•
Hubschieber-Reiheneinspritzpumpe H	–	–	•	–	–	–
Reglerbauart						
Leerlauf-Enddrehzahlregler RSF	•	–	–	•	–	–
Leerlauf-Enddrehzahlregler RQ	–	–	•	•	–	–
Leerlauf-Enddrehzahlregler RQU	–	–	–	–	–	•
Alldrehzahlregler RQV	–	•	•	•	–	–
Alldrehzahlregler RQUV	–	–	–	–	•	•
Alldrehzahlregler RQV..K	–	–	•	•	–	–
Alldrehzahlregler RSV	–	•	–	•	–	–
Alldrehzahlregler RSUV	–	–	–	–	–	•
RE (Elektrisches Stellwerk)	•	–	•	–	–	–

Tabelle 1
[1]) Dieser Pumpentyp
wird nicht mehr für
Neuentwicklungen
eingesetzt.
[2]) Gleicher Aufbau
wie der Pumpentyp
P, jedoch verstärkt.

3 Beispiele für Reiheneinspritzpumpen

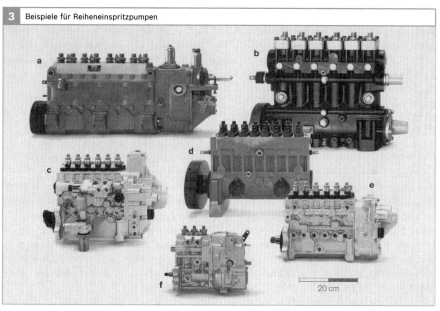

Bild 3
Pumpenausführungen:
a ZWM (8 Zylinder)
b CW (6 Zylinder)
c H (Hubschieber-
Reiheneinspritz-
pumpe)
(6 Zylinder)
d P9/P10 (8 Zylinder)
e P7100 (6 Zylinder)
f A (3 Zylinder)

Systemübersicht der Verteilereinspritzpumpen

Die Verbrennungsvorgänge im Dieselmotor hängen in entscheidendem Maße davon ab, wie der Kraftstoff von der Einspritzanlage aufbereitet wird. Die Einspritzpumpe spielt hierbei eine wesentliche Rolle. Sie erzeugt den zum Einspritzen benötigten Druck. Der Kraftstoff wird über Hochdruckleitungen zu den Einspritzdüsen gefördert und in den Brennraum eingespritzt. Kleine, schnell laufende Dieselmotoren erfordern eine Einspritzanlage mit hoher Leistungsfähigkeit, schnellen Einspritzfolgen, geringem Gewicht und kleinem Einbauvolumen. Die Verteilereinspritzpumpen erfüllen diese Forderungen. Sie bestehen aus einem kleinen, kompakten Aggregat, das Förderpumpe, Hochdruckpumpe und Regelung umfasst.

Anwendungsgebiete

Seit der Einführung im Jahr 1962 wurde die Axialkolben-Verteilereinspritzpumpe zur meistverwendeten Einspritzpumpe in Pkw. Einspritzpumpe und Regler wurden ständig weiterentwickelt. Die Erhöhung des Einspritzdrucks war notwendig, um bei Motoren mit Direkteinspritzung eine Senkung des Kraftstoffverbrauchs zu erzielen und geringere Abgasgrenzwerte einhalten zu können. Insgesamt wurden bei Bosch zwischen 1962 und 2001 über 45 Millionen Axialkolben- und Radialkolben-Verteilereinspritzpumpen VE und VR gefertigt. Entsprechend vielfältig sind Ihre Bauformen und der Aufbau des Gesamtsystems.

Axialkolben-Verteilereinspritzpumpen für Motoren mit indirekter Einspritzung (IDI) erzeugen Drücke bis zu 350 bar (35 MPa) an der Einspritzdüse. Für Motoren mit direkter Einspritzung (DI) werden sowohl Axial- als auch Radialkolben-Verteilereinspritzpumpen eingesetzt. Sie erzeugen Drücke bis 900 bar (90 MPa) für langsam laufende und bis zu 1900 bar (190 MPa) für schnell laufende Motoren.

Der mechanischen Regelung der Verteilereinspritzpumpen folgte die elektronische Regelung mit elektrischem Stellwerk. Später kamen dann Pumpen mit Hochdruckmagnetventil auf den Markt.

Verteilereinspritzpumpen zeichnen sich neben ihrer kompakten Bauform auch durch ihre vielseitigen Einsatzbereiche bei Pkw, leichten Nkw, Stationärmotoren, Bau- und Landmaschinen (Off Highway) aus.

Nenndrehzahl, Leistung und Bauform des Dieselmotors geben den Anwendungsbereich und die Auslegung der Verteilereinspritzpumpe vor. Sie finden Anwendung für Motoren mit 3...6 Zylindern.

Axialkolben-Verteilereinspritzpumpen werden für Motoren mit einer Leistung bis zu 30 kW pro Zylinder eingesetzt, Radialkolben-Verteilereinspritzpumpen bis zu 45 kW pro Zylinder.

Verteilereinspritzpumpen werden mit Kraftstoff geschmiert und sind daher wartungsfrei.

Ausführungen

Man unterscheidet die Verteilereinspritzpumpen nach der Art ihrer Mengensteuerung, ihrer Hochdruckerzeugung und ihrer Regelung (Bild 1).

Art der Mengensteuerung

Kantengesteuerte Einspritzpumpen
Die Einspritzdauer wird über Steuerkanten, Bohrungen und Schieber verändert. Ein hydraulischer Spritzversteller verändert den Einspritzbeginn.

Magnetventilgesteuerte Einspritzpumpen
Ein Hochdruck-Magnetventil verschließt den Hochdruckraum und bestimmt so Einspritzbeginn und Einspritzdauer. Radialkolben-Verteilereinspritzpumpen werden ausschließlich über Magnetventile gesteuert.

Art der Hochdruckerzeugung

Axialkolben-Verteilereinspritzpumpen VE
Sie komprimieren den Kraftstoff mit
einem Kolben, der sich axial zur Antriebswelle der Pumpe bewegt.

Radialkolben-Verteilereinspritzpumpen VR
Sie komprimieren den Kraftstoff mit
mehreren Kolben, die radial zur Antriebswelle der Pumpe angeordnet sind. Mit
Radialkolben können höhere Drücke als
mit Axialkolben erzeugt werden.

Art der Regelung

Mechanische Regelung
Die Einspritzpumpe wird durch einen
Regler mit Aufschaltgruppen aus Hebeln,
Federn, Unterdruckdosen usw. geregelt.

Elektronische Regelung
Der Fahrer gibt den Drehmoment- bzw.
Drehzahlwunsch über das Fahrpedal
(Sensor) vor. Im Steuergerät sind Kenn-
felder für Startmenge, Leerlauf, Volllast,
Fahrpedalcharakteristik, Rauchbegren-
zung und Pumpencharakteristik einpro-
grammiert.
Mit diesen gespeicherten Kennfeldwer-
ten und den Istwerten der Sensoren wird
ein Vorgabewert für die Stellglieder der
Einspritzpumpe ermittelt. Dabei werden
der aktuelle Motorbetriebszustand und
die Umgebungsdaten berücksichtigt (z.B.

Kurbelwellenwinkel und -drehzahl, Ladedruck, Ansaugluft-, Kühlmittel- und Kraftstofftemperatur, Fahrgeschwindigkeit
usw.). Das Steuergerät steuert dann das
Stellwerk bzw. die Magnetventile in der
Einspritzpumpe entsprechend den Vor-
gabewerten an.

Mit der Elektronischen Dieselregelung
EDC (Electronic Diesel Control) ergeben
sich gegenüber der mechanischen Rege-
lung viele Vorteile:
▶ Geringerer Kraftstoffverbrauch, weniger
  Emissionen, höhere Leistung und Drehmoment durch verbesserte Mengenregelung und genaueren Spritzbeginn.
▶ Niedere Leerlaufdrehzahl und Anpassung zusätzlicher Komponenten (z.B.
  Klimaanlage) durch verbesserte Drehzahlregelung.
▶ Verbesserte Komfortfunktionen (z.B.
  Aktive Ruckeldämpfung, Laufruheregelung, Fahrgeschwindigkeitsregelung).
▶ Verbesserte Diagnosemöglichkeiten.
▶ Zusätzliche Steuer- und Regelfunktionen
  (z.B. Glühzeitsteuerung, Abgasrückführung ARF, Ladedruckregelung, elektronische Wegfahrsperre).
▶ Datenaustausch mit anderen elektronischen Systemen (z.B. Antriebsschlupfregelung ASR, elektronische Getriebesteuerung EGS) und damit eine Integration in das Fahrzeug-Gesamtsystem.

Bild 1
 1 Kraftstoffzuleitung
 2 Gestänge
 3 Fahrpedal
 4 Verteilereinspritz-
    pumpe
 5 Elektrisches Ab-
    stellventil ELAB
 6 Hochdruck-Kraft-
    stoffleitung
 7 Kraftstoffrück-
    leitung
 8 Düsenhalter-
    kombination
 9 Glühstiftkerze GSK
10 Kraftstofffilter
11 Kraftstoffbehälter
12 Kraftstoff-Vorför-
    derpumpe (nur bei
    langen Leitungen
    oder großem
    Höhenunterschied
    zwischen Kraft-
    stoffbehälter und
    Einspritzpumpe)
13 Batterie
14 Glüh-Start-Schalter
    („Zündschloss")
15 Glühzeitsteuergerät
    GZS
16 Dieselmotor mit
    indirekter Einsprit-
    zung (Indirect-
    Injection Engine,
    IDI)

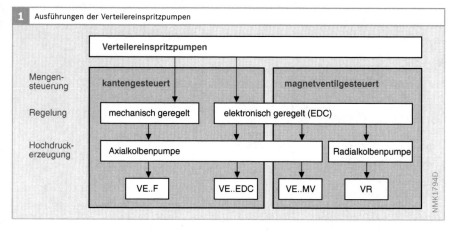

1 Ausführungen der Verteilereinspritzpumpen

Verteilereinspritzpumpen

Mengen-
steuerung   kantengesteuert   magnetventilgesteuert

Regelung   mechanisch geregelt   elektronisch geregelt (EDC)

Hochdruck-
erzeugung   Axialkolbenpumpe   Radialkolbenpumpe

          VE..F   VE..EDC   VE..MV   VR

NMK1794D

Kantengesteuerte Systeme

Mechanisch geregelte Verteilereinspritzpumpen

Die mechanische Regelung wird ausschließlich bei Axialkolben-Verteilereinspritzpumpen angewendet. Ihr Vorteil liegt in der kostengünstigen Herstellung und der relativ einfachen Wartung.

Die mechanische Drehzahlregelung erfasst die verschiedenen Betriebszustände und gewährleistet eine hohe Qualität der Gemischaufbereitung. Zusätzliche Aufschaltgruppen passen Einspritzzeitpunkt und -menge an die verschiedenen Betriebszustände des Motors an:

▶ Motordrehzahl,
▶ Motorlast,
▶ Motortemperatur,
▶ Ladedruck und
▶ Atmosphärendruck.

Zur Diesel-Einspritzanlage (Bild 1) gehören neben der Einspritzpumpe (4) der Kraftstoffbehälter (11), das Kraftstofffilter (10), die Kraftstoff-Vorförderpumpe (12), die Düsenhalterkombination (8) und die Kraftstoffleitungen (1, 6 und 7).Wichtige Komponenten des Einspritzsystems sind die Einspritzdüsen in der Düsenhalterkombination. Ihre Bauart beeinflusst den Einspritzverlauf und das Strahlbild wesentlich. Das Elektrische Abstellventil ELAB (5) unterbricht bei ausgeschalteter „Zündung" die Kraftstoffzufuhr zum Pumpenhochdruckraum[1].

Über das Fahrpedal (3) und einen Bowdenzug bzw. ein Gestänge (2) wird die Fahrervorgabe an den Regler der Einspritzpumpe übertragen. Außerdem können auch die Leerlauf-, Zwischen-, und Enddrehzahlen mit entsprechenden Aufschaltgruppen geregelt werden.

Die Bezeichnung VE..F steht für Verteilereinspritzpumpe, fliehkraftgeregelt.

[1] Bei Bootsmotoren ist es genau umgekehrt. Hier ist das ELAB stromlos geöffnet.

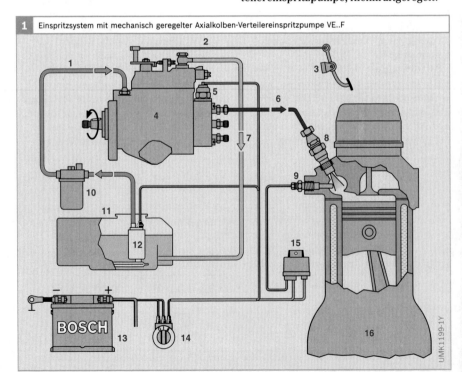

1 Einspritzsystem mit mechanisch geregelter Axialkolben-Verteilereinspritzpumpe VE..F

UMK1199-1Y

Elektronisch geregelte Verteilereinspritzpumpen

Die Elektronische Dieselregelung (EDC) berücksichtigt gegenüber der mechanischen Regelung zusätzliche Anforderungen. Sie ermöglicht durch elektrisches Messen, flexible elektronische Datenverarbeitung und Regelkreise mit elektrischen Stellern eine erweiterte Verarbeitung von Einflussgrößen, die mit der mechanischen Regelung nicht berücksichtigt werden können.

Bild 2 zeigt die Komponenten einer voll ausgestatteten Einspritzanlage mit elektronisch geregelter Axialkolben-Verteilereinspritzpumpe. Je nach Einsatzart und Fahrzeugtyp entfallen einzelne Komponenten. Das System besteht aus vier Bereichen:
▶ Kraftstoffversorgung (Niederdruckteil),
▶ Einspritzpumpe,
▶ Elektronische Dieselregelung (EDC) mit den Systemblöcken Sensoren, Steuergerät und Stellglieder (Aktoren) sowie
▶ Peripherie (z. B. Turbolader, Abgasrückführung und Glühzeitsteuerung).

Das Magnetstellwerk in der Verteilereinspritzpumpe (Drehstellwerk) tritt an die Stelle des mechanischen Reglers und der Aufschaltgruppen. Es greift über eine Welle am Regelschieber für die Einspritzmenge ein. Die Absteuerquerschnitte werden wie bei der mechanisch geregelten Einspritzpumpe je nach Position des Regelschiebers früher oder später freigegeben. Im Steuergerät wird unter Berücksichtigung der gespeicherten Kennfeldwerte und der Istwerte der Sensoren ein Vorgabewert für die Position des Magnetstellwerks in der Einspritzpumpe ermittelt.

Ein Winkelsensor (z. B. ein Halbdifferenzial-Kurzschlussringsensor) meldet den Drehwinkel des Stellwerks und damit die Lage des Regelschiebers an das Steuergerät zurück.

Der von der Drehzahl abhängige Pumpeninnenraumdruck wirkt über ein getaktetes Magnetventil auf den Spritzversteller, worauf dieser den Spritzbeginn verändert.

Bild 2
1 Kraftstoffbehälter
2 Kraftstofffilter
3 Verteilereinspritzpumpe mit Magnetstellwerk, Regelwegsensor und Kraftstofftemperatursensor
4 Elektrisches Abstellventil ELAB
5 Spritzversteller-Magnetventil
6 Düsenhalterkombination mit Nadelbewegungssensor (meistens Zylinder 1)
7 Glühstiftkerze
8 Motortemperatursensor (im Kühlmittelkreislauf)
9 Kurbelwellendrehzahlsensor
10 Dieselmotor mit direkter Einspritzung (Direct Injection Engine, DI)
11 Motorsteuergerät MSG
12 Glühzeitsteuergerät
13 Fahrgeschwindigkeitssensor
14 Fahrpedalsensor
15 Bedienteil für Fahrgeschwindigkeitsregler
16 Glüh-Start-Schalter („Zündschloss")
17 Batterie
18 Diagnoseschnittstelle
19 Lufttemperatursensor
20 Ladedrucksensor
21 Abgasturbolader
22 Luftmassenmesser

2 Einspritzsystem mit elektronisch geregelter Axialkolben-Verteilereinspritzpumpe VE..EDC

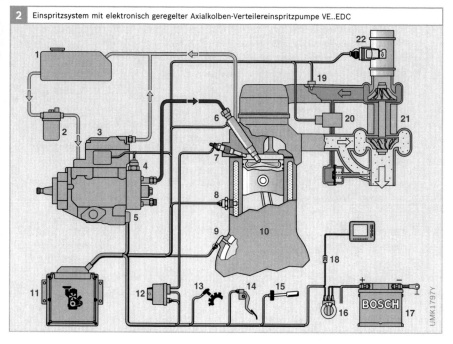

Magnetventilgesteuerte Systeme

Magnetventilgesteuerte Einspritzsysteme erlauben eine größere Flexibilität bei der Kraftstoffzumessung und der Variation des Einspritzbeginns als die kantengesteuerten Systeme. Sie ermöglichen auch die Voreinspritzung zur Geräuschreduzierung sowie die zylinderindividuelle Mengenkorrektur.

Die Motorsteuerung mit magnetventilgesteuerten Verteilereinspritzpumpen besteht aus vier Bereichen (Bild 1):
▶ Kraftstoffversorgung (Niederdruckteil),
▶ Hochdruckteil mit allen Einspritzkomponenten,
▶ Elektronische Dieselregelung (EDC) mit den Systemblöcken Sensoren, Steuergerät(en) und Stellglieder (Aktoren) sowie
▶ den Luft- und Abgassystemen (Luftversorgung, Abgasnachbehandlung und Abgasrückführung).

Steuergerätekonfiguration

Getrennte Steuergeräte

Dieseleinspritzanlagen mit magnetventilgesteuerten Verteilereinspritzpumpen (VE..MV [VP30], VR [VP44] für DI-Motoren und VE..MV [VP29] für IDI-Motoren) der ersten Generation benötigten zwei Steuergeräte für die Elektronische Dieselregelung: ein Motorsteuergerät (MSG) und ein Pumpensteuergerät (PSG). Diese Aufteilung hatte zwei Gründe: Einerseits wird eine Überhitzung bestimmter elektronischer Bauelemente in direkter Pumpen- und Motornähe vermieden. Andererseits wird durch kurze Ansteuerleitungen für das Magnetventil der Einfluss von Störsignalen ausgeschlossen, die aufgrund der teilweise sehr hohen Ströme (bis zu 20 A) entstehen können.

Während das Pumpensteuergerät die pumpeninternen Sensorsignale für Drehwinkel und Kraftstofftemperatur erfasst und für die Anpassung des Einspritzzeit-

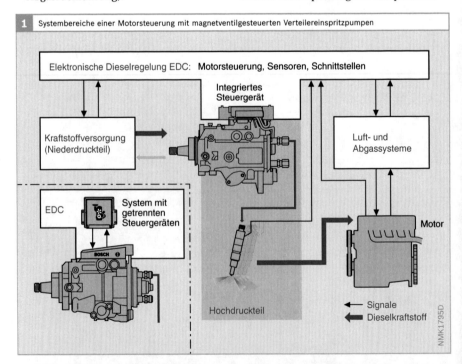

1   Systembereiche einer Motorsteuerung mit magnetventilgesteuerten Verteilereinspritzpumpen

Elektronische Dieselregelung EDC: Motorsteuerung, Sensoren, Schnittstellen

Integriertes Steuergerät

Kraftstoffversorgung (Niederdruckteil)

Luft- und Abgassysteme

EDC

System mit getrennten Steuergeräten

Motor

Hochdruckteil

◀— Signale
◀— Dieselkraftstoff

NMK1795D

punkts verwertet, verarbeitet das Motor-steuergerät alle von externen Sensoren aufgenommenen Motor- und Umgebungs-daten und errechnet daraus die an der Einspritzpumpe vorzunehmenden Stell-eingriffe.

Motor- und Pumpensteuergerät kommu-nizieren über eine CAN-Schnittstelle.

Integriertes Steuergerät

Hitzebeständige Leiterplatten in Hybrid-technik haben es möglich gemacht, bei magnetventilgesteuerten Verteilerein-spritzpumpen der zweiten Generation das Motorsteuergerät im Pumpensteuergerät zu integrieren. Diese Steuergeräteinte-gration erlaubt eine Platz sparende Bau-weise.

Abgasnachbehandlung

Verschiedene Maßnahmen verbessern die Emissionen bzw. den Komfort. Dies sind zum Beispiel die Abgasrückführung, die Formung des Einspritzverlaufs (z. B. Vor-einspritzung) und die Erhöhung des Ein-spritzdrucks. Um die immer strenger wer-denden Abgasvorschriften einhalten zu können, wird jedoch bei manchen Fahr-zeugen eine Abgasnachbehandlung erfor-derlich sein.

2 Beispiel einer Diesel-Einspritzanlage mit magnetventilgesteuerter Radialkolben-Verteilereinspritzpumpe und getrenntem Motor- und Pumpensteuergerät

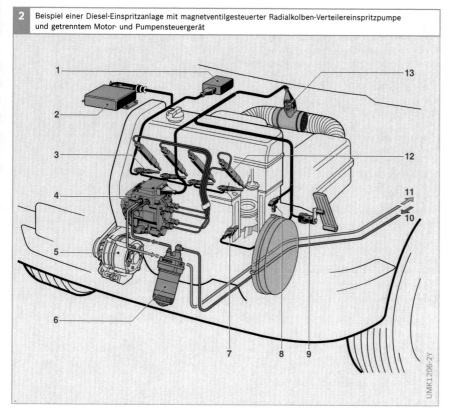

Bild 2
1 Glühzeitsteuergerät
2 Motorsteuergerät MSG
3 Glühstiftkerze
4 Radialkolben-Vertei-lereinspritzpumpe VP44 mit Pumpen-steuergerät PSG5
5 Generator
6 Kraftstofffilter
7 Motortemperatur-sensor (im Kühl-mittelkreislauf)
8 Kurbelwellen-drehzahlsensor
9 Fahrpedalsensor
10 Kraftstoffzulauf
11 Kraftstoffrücklauf
12 Düsenhalter-kombination
13 Luftmassenmesser

UMK1206-2Y

Systembild

Bild 3 zeigt als Beispiel eine Diesel-Einspritzanlage mit der Radialkolben-Verteilereinspritzpumpe VR an einem Vierzylinder-Dieselmotor (DI) mit ihren verschiedenen Komponenten. Diese Pumpe ist mit einem integriertem Motor- und Pumpensteuergerät ausgerüstet. Das Bild zeigt die Vollausstattung. Je nach Einsatzart und Fahrzeugtyp kommen einzelne Komponenten nicht zur Anwendung.

Um eine übersichtlichere Darstellung zu erhalten, sind die Sensoren und Sollwertgeber (A) nicht in ihrer Einbauposition dargestellt. Ausnahme bildet der Nadelbewegungssensor (21).

Über den CAN-Bus im Bereich „Schnittstellen" (B) ist der Datenaustausch zu den verschiedensten Bereichen möglich:
▸ Starter,
▸ Generator,
▸ elektronische Wegfahrsperre,
▸ Getriebesteuerung,
▸ Antriebsschlupfregelung (ASR) und
▸ Elektronisches Stabilitätsprogramm (ESP).

Auch das Kombiinstrument (12) und die Klimaanlage (13) können über den CAN-Bus angeschlossen sein.

Bild 3

Motor, Motorsteuerung und Hochdruck-

Einspritzkomponenten

16 Antrieb der Einspritzpumpe

17 Integriertes Motor-/Pumpensteuergerät PSG16

18 Radialkolben-Verteilereinspritzpumpe (VP44)

21 Düsenhalterkombination mit Nadelbewegungssensor (Zylinder 1)

22 Glühstiftkerze

23 Dieselmotor (DI)

M Drehmoment

A Sensoren und Sollwertgeber

1 Fahrpedalsensor

2 Kupplungsschalter

3 Bremskontakte (2)

4 Bedienteil für Fahrgeschwindigkeitsregler

5 Glüh-Start-Schalter („Zündschloss")

6 Fahrgeschwindigkeitssensor

7 Kurbelwellendrehzahlsensor (induktiv)

8 Motortemperatursensor (im Kühlmittelkreislauf)

9 Ansauglufttemperatursensor

10 Ladedrucksensor

11 Heißfilm-Luftmassenmesser (Ansaugluft)

B Schnittstellen

12 Kombiinstrument mit Signalausgabe für Kraftstoffverbrauch, Drehzahl usw.

13 Klimakompressor mit Bedienteil

14 Diagnoseschnittstelle

15 Glühzeitsteuergerät

CAN Controller Area Network (serieller Datenbus im Kraftfahrzeug)

C Kraftstoffversorgung (Niederdruckteil)

19 Kraftstofffilter mit Überströmventil

20 Kraftstoffbehälter mit Vorfilter und Vorförderpumpe (Vorförderpumpe nur bei langen Leitungen oder großem Höhenunterschied zwischen Kraftstoffbehälter und Einspritzpumpe)

D Luftversorgung

24 Abgasrückführsteller mit Abgasrückführventil

25 Unterdruckpumpe

26 Regelklappe

27 Abgasturbolader (hier mit variabler Turbinengeometrie VTG)

28 Ladedrucksteller

E Abgasnachbehandlung

29 Diesel-Oxidationskatalysator DOC (Diesel Oxygen Catalyst)

3 Diesel-Einspritzanlage mit magnetventilgesteuerter Radialkolben-Verteilereinspritzpumpe VP44 und integriertem Motor- und Pumpensteuergerät PSG16

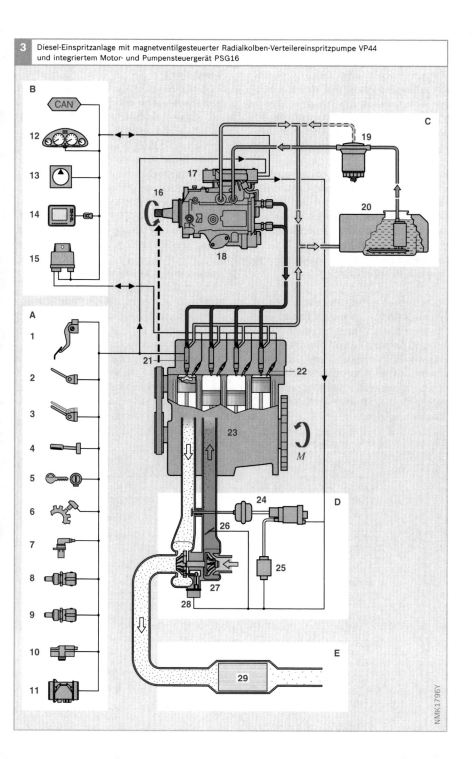

NMK1796Y

Systemübersicht der Einzelzylinder-Systeme

Dieselmotoren mit Einzelzylinder-Systemen haben für jeden Motorzylinder eine Einspritzeinheit. Diese Einspritzeinheiten lassen sich gut an den entsprechenden Motor anpassen. Die kurzen Einspritzleitungen ermöglichen ein besonders gutes Einspritzverhalten und die höchsten Einspritzdrücke.

Ständig steigende Anforderungen haben zur Entwicklung verschiedener Dieseleinspritzsysteme geführt, die auf die jeweiligen Erfordernisse abgestimmt sind. Moderne Dieselmotoren sollen schadstoffarm und wirtschaftlich arbeiten, hohe Leistungen und hohe Drehmomente erreichen und dabei leise sein.

Grundsätzlich werden bei Einzelzylinder-Systemen drei verschiedene Bauarten unterschieden: die kantengesteuerten Einzeleinspritzpumpen PF und die magnetventilgesteuerten Unit Injector und Unit Pump Systeme. Diese Bauarten unterscheiden sich nicht nur in ihrem Aufbau, sondern auch in ihren Leistungsdaten und ihren Anwendungsgebieten (Bild 1).

Einzeleinspritzpumpen PF

Anwendung
Die Einzeleinspritzpumpen PF sind besonders wartungsfreundlich. Sie werden im „Off Highway"-Bereich eingesetzt:
▶ Einspritzpumpen für Dieselmotoren von 4...75 kW/Zylinder für kleine Baumaschinen, Pumpen, Traktoren und Stromaggregate und
▶ Einspritzpumpen für Großmotoren ab 75 kW/Zylinder bis zu einer Zylinderleistung von 1000 kW. Diese Pumpen ermöglichen die Förderung von Dieselkraftstoff und von Schweröl mit hoher Viskosität.

Aufbau und Arbeitsweise
Die Einzeleinspritzpumpen PF haben die gleiche Arbeitsweise wie die Reiheneinspritzpumpen PE. Sie haben ein Pumpenelement, bei dem die Einspritzmenge über eine Steuerkante verändert werden kann.
  Die Einzeleinspritzpumpen werden mit je einem Flansch am Motor befestigt und von der Nockenwelle für die Ventilsteuerung des Motors angetrieben. Daher leitet sich die Bezeichnung Pumpe mit

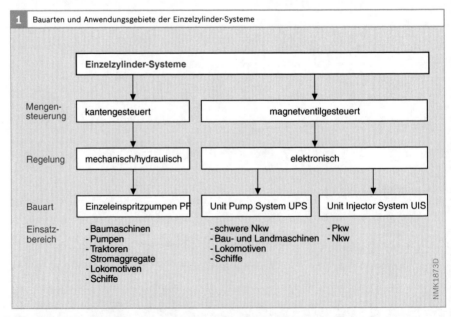

1 Bauarten und Anwendungsgebiete der Einzelzylinder-Systeme

	Einzelzylinder-Systeme		
Mengen-steuerung	kantengesteuert	magnetventilgesteuert	
Regelung	mechanisch/hydraulisch	elektronisch	
Bauart	Einzeleinspritzpumpen PF	Unit Pump System UPS	Unit Injector System UIS
Einsatz-bereich	- Baumaschinen - Pumpen - Traktoren - Stromaggregate - Lokomotiven - Schiffe	- schwere Nkw - Bau- und Landmaschinen - Lokomotiven - Schiffe	- Pkw - Nkw

NMK1873D

Fremdantrieb PF ab. Sie werden auch Steckpumpen genannt.

Kleine PF-Einspritzpumpen gibt es auch in 2-, 3- und 4-Zylinder-Versionen. Die übliche Bauweise ist jedoch die Einzylinder-Version, die als Einzeleinspritzpumpe bezeichnet wird.

Regelung
Wie bei den Reiheneinspritzpumpen greift eine im Motor integrierte Regelstange in das Pumpenelement der Einspritzpumpen ein. Ein Regler verschiebt die Regelstange und verändert so die Förder- bzw. Einspritzmenge.

Bei Großmotoren ist der Regler unmittelbar am Motorgehäuse befestigt. Dabei finden mechanisch-hydraulische, elektronische oder seltener rein mechanische Regler Verwendung.

Zwischen die Regelstange der Einzeleinspritzpumpen und das Übertragungsgestänge zum Regler ist bei großen PF-Pumpen ein federndes Zwischenglied geschaltet, sodass die Regelung der übrigen Pumpen bei einem eventuellen Blockieren des Verstellmechanismus einer einzelnen Pumpe gewährleistet bleibt.

Kraftstoffversorgung
Der Kraftstoff wird durch eine Zahnrad-Vorförderpumpe den Einzeleinspritzpumpen zugeführt. Diese fördert eine etwa 3...5-mal so große Menge Kraftstoff wie die maximale Vollastfördermenge aller Einspritzpumpen. Der Kraftstoffdruck beträgt etwa 3...10 bar.

Eine Filterung des Kraftstoffs durch Feinfilter mit Porengrößen von 5...30 µm hält Partikel vom Einspritzsystem fern. Diese könnten sonst zu einem vorzeitigen Verschleiß der hochpräzisen Bauteile des Einspritzsystems führen.

Einsatz im Common Rail System
Einzeleinspritzpumpen werden auch als Hochdruckpumpen für Common Rail Systeme für Truck- und Off-Highway-Applikationen verwendet und weiterentwickelt. Bild 2 zeigt den Einsatz der PF 45 in einem Common Rail System für einen Sechzylinder-Motor.

2 PF 45 in Common Rail System

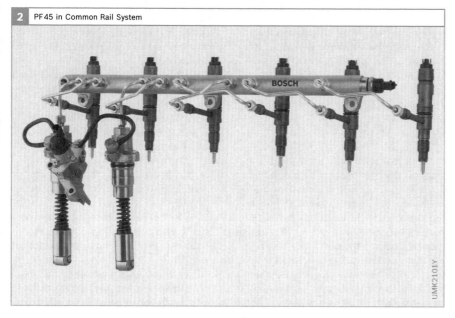

UMK2101Y

Unit Injector System UIS und Unit Pump System UPS

Die Einspritzsysteme Unit Injector System UIS und Unit Pump System UPS erreichen im Vergleich zu den anderen Dieseleinspritzsystemen derzeit die höchsten Einspritzdrücke. Sie ermöglichen eine präzise Einspritzung, die optimal an den jeweiligen Betriebszustand des Motors angepasst werden kann. Damit ausgerüstete Dieselmotoren arbeiten schadstoffarm, wirtschaftlich und leise und erreichen dabei eine hohe Leistung und ein hohes Drehmoment.

Anwendungsgebiete

Unit Injector System UIS

Das Unit Injector System (auch Pumpe-Düse-Einheit PDE genannt) ging 1994 für Nkw und 1998 für Pkw in Serie. Es ist ein Einspritzsystem mit zeitgesteuerten Einzeleinspritzpumpen für Motoren mit Diesel-Direkteinspritzung (DI). Dieses System bietet eine deutlich höhere Flexibilität zur Anpassung des Einspritzsystems an den Motor als konventionelle kantengesteuerte Systeme. Es deckt ein weites Spektrum moderner Dieselmotoren für Pkw und Nkw ab:

▸ *Pkw* und *leichte Nkw:* Einsatzbereiche von Dreizylinder-Motoren mit 1,2 *l* Hubraum, 45 kW (61 PS) Leistung und 195 Nm Drehmoment bis hin zu 10-Zylinder-Motoren mit 5 *l* Hubraum, 230 kW (312 PS) Leistung und 750 Nm Drehmoment.
▸ *Schwere Nkw* bis 80 kW/Zylinder.

Da keine Hochdruckleitungen notwendig sind, hat der Unit Injector ein besonders gutes hydraulisches Verhalten. Deshalb lassen sich mit diesem System die höchsten Einspritzdrücke erzielen (bis zu 2200 bar). Beim Unit Injector System für Pkw ist eine mechanisch-hydraulische Voreinspritzung realisiert. Das Unit Injector System für Nkw bietet die Möglichkeit einer Voreinspritzung im unteren Drehzahl- und Lastbereich.

Unit Pump System UPS

Das Unit Pump System wird auch Pumpe-Leitung-Düse PLD genannt. Auch die Bezeichnung PF..MV wurde bei Großmotoren verwendet.

Das Unit Pump System ist wie das Unit Injector System ein Einspritzsystem mit zeitgesteuerten Einzeleinspritzpumpen für Motoren mit Diesel-Direkteinspritzung (DI). Es wird in folgenden Bauformen eingesetzt:

▸ UPS 12 für Nkw-Motoren mit bis zu 6 Zylindern und 37 kW/Zylinder,
▸ UPS 20 für schwere Nkw-Motoren mit bis zu 8 Zylindern und 65 kW/Zylinder,
▸ SP (Steckpumpe) für schwere Nkw-Motoren mit bis zu 18 Zylindern und 92 kW/Zylinder,
▸ SPS (Steckpumpe small) für Nkw-Motoren mit bis zu 6 Zylindern und 40 kW/Zylinder,
▸ UPS für Motoren in Bau- und Landmaschinen, Lokomotiven und Schiffen im Leistungsbereich bis 500 kW/Zylinder und bis zu 20 Zylindern.

Aufbau

Systembereiche

Das Unit Injector System und das Unit Pump System bestehen aus vier Systembereichen (Bild 3):

▸ Die *Elektronische Dieselregelung EDC* mit den Systemblöcken Sensoren, Steuergerät und Stellglieder (Aktoren) umfasst die gesamte Steuerung und Regelung des Dieselmotors sowie alle elektrischen und elektronischen Schnittstellen.
▸ Die *Kraftstoffversorgung* (Niederdruckteil) stellt den Kraftstoff mit dem notwendigen Druck und Reinheit zur Verfügung.
▸ Der *Hochdruckteil* erzeugt den erforderlichen Einspritzdruck und spritzt den Kraftstoff in den Brennraum des Motors ein.
▸ Die *Luft- und Abgassysteme* umfassen die Luftversorgung, die Abgasrückführung und die Abgasnachbehandlung.

Unterschiede

Der wesentliche Unterschied zwischen dem Unit Injector System und dem Unit Pump System besteht im motorischen Aufbau (Bild 4).

Beim *Unit Injector System* bilden Hochdruckpumpe und Einspritzdüse eine Einheit – den „Unit Injector". Für jeden Motorzylinder ist ein Injektor in den Zylinder eingebaut. Da keine Einspritzleitungen vorhanden sind, können sehr hohe Ein-

spritzdrücke und ein sehr guter Einspritzverlauf erreicht werden.

Beim *Unit Pump System* sind die Hochdruckpumpe – die „Unit Pump" – und die Düsenhalterkombination getrennte Baugruppen, die durch eine kurze Hochdruckleitung miteinander verbunden sind. Dadurch ergeben sich Vorteile bei der Anordnung im Motorraum, beim Pumpenantrieb und beim Kundendienst.

3 Systembereiche Unit Injector System und Unit Pump System

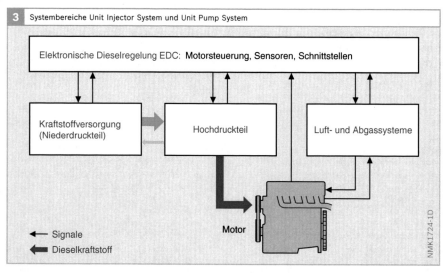

Elektronische Dieselregelung EDC: Motorsteuerung, Sensoren, Schnittstellen

Kraftstoffversorgung (Niederdruckteil)

Hochdruckteil

Luft- und Abgassysteme

Motor

← Signale

← Dieselkraftstoff

NMK1724-1D

4 Hochdruckerzeugung Unit Injector System und Unit Pump System

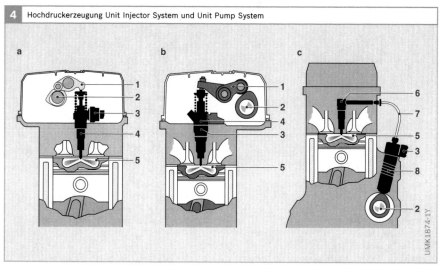

UMK1874-1Y

Bild 4
a Unit Injector System für Pkw
b Unit Injector System für Nkw
c Unit Pump System für Nkw

1 Kipphebel
2 Nockenwelle
3 Hochdruck-
   magnetventil
4 Unit Injector
5 Brennraum des
   Motors
6 Düsenhalter-
   kombination
7 kurze Hochdruck-
   leitung
8 Unit Pump

Systembild UIS für Pkw

Bild 5 zeigt alle Komponenten eines Unit Injector Systems für einen Zehnzylinder-Pkw-Dieselmotor mit Vollausstattung. Je nach Fahrzeugtyp und Einsatzart kommen einzelne Komponenten nicht zur Anwendung.

Um eine übersichtlichere Darstellung zu erhalten, sind die Sensoren und Sollwertgeber (A) nicht an ihrem Einbauort dargestellt. Ausnahme bilden die Komponenten der Abgasnachbehandlung (F), da ihre Einbauposition zum Verständnis der Anlage notwendig ist.

Über den CAN-Bus im Bereich „Schnittstellen" (B) ist der Datenaustausch zu den verschiedensten Bereichen möglich:
▶ Starter,
▶ Generator,
▶ elektronische Wegfahrsperre,
▶ Getriebesteuerung,
▶ Antriebsschlupfregelung (ASR) und
▶ Elektronisches Stabilitätsprogramm (ESP).

Auch das Kombiinstrument (12) und die Klimaanlage (13) können über den CAN-Bus angeschlossen sein.

Für die Abgasnachbehandlung werden drei mögliche Kombinationssysteme aufgeführt (a, b oder c).

Bild 5

Motor, Motorsteuerung und Hochdruck-Einspritzkomponenten
24 Verteilerrohr
25 Nockenwelle
26 Unit Injector
27 Glühstiftkerze
28 Dieselmotor (DI)
29 Motorsteuergerät (Master)
30 Motorsteuergerät (Slave)
M Drehmoment

A Sensoren und Sollwertgeber
1 Fahrpedalsensor
2 Kupplungsschalter
3 Bremskontakte (2)
4 Bedienteil für Fahrgeschwindigkeitsregler
5 Glüh-Start-Schalter („Zündschloss")
6 Fahrgeschwindigkeitssensor
7 Kurbelwellendrehzahlsensor (induktiv)
8 Motortemperatursensor (im Kühlmittelkreislauf)
9 Ansauglufttemperatursensor
10 Ladedrucksensor
11 Heißfilm-Luftmassenmesser (Ansaugluft)

B Schnittstellen
12 Kombiinstrument mit Signalausgabe für Kraftstoffverbrauch, Drehzahl usw.
13 Klimakompressor mit Bedienteil
14 Diagnoseschnittstelle
15 Glühzeitsteuergerät
CAN Controller Area Network
  (serieller Datenbus im Kraftfahrzeug)

C Kraftstoffversorgung (Niederdruckteil)
16 Kraftstofffilter mit Überströmventil
17 Kraftstoffbehälter mit Vorfilter und Elektrokraftstoffpumpe EKP (Vorförderpumpe)
18 Füllstandsensor
19 Kraftstoffkühler
20 Druckbegrenzungsventil

D Additivsystem
21 Additivdosiereinheit
22 Additivtank

E Luftversorgung
31 Abgasrückführkühler
32 Ladedrucksteller
33 Abgasturbolader (hier mit variabler Turbinengeometrie VTG)
34 Saugrohrklappe
35 Abgasrückführsteller
36 Unterdruckpumpe

F Abgasnachbehandlung
38 Breitband-Lambda-Sonde LSU
39 Abgastemperatursensor
40 Oxidationskatalysator
41 Partikelfilter
42 Differenzdrucksensor
43 NO_x-Speicherkatalysator
44 Breitband-Lambda-Sonde, optional NO_x-Sensor

5 Diesel-Einspritzanlage für Pkw mit Unit Injector System

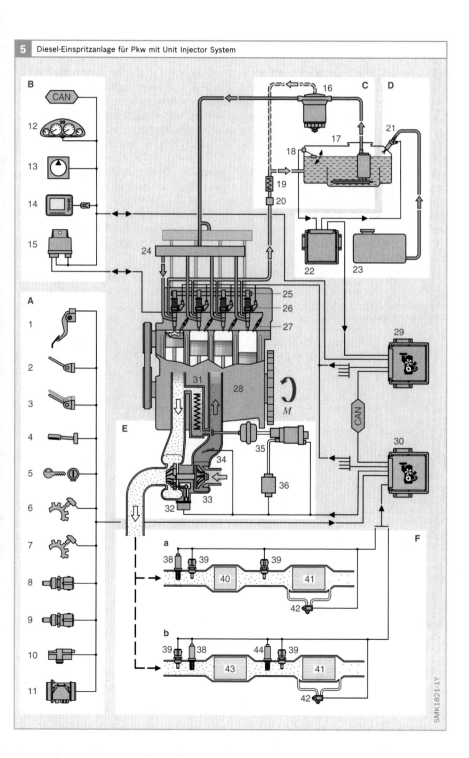

SMK1821-1Y

Systembild UIS/UPS für Nkw

Bild 6 zeigt alle Komponenten eines Unit Injector Systems für einen Sechszylinder-Nkw-Dieselmotor. Je nach Fahrzeugtyp und Einsatzart kommen einzelne Komponenten nicht zur Anwendung.

Die Bereiche der Elektronischen Dieselregelung EDC (Sensoren, Schnittstellen und Motorsteuerung), Kraftstoffversorgung, Luftversorgung und Abgasnachbehandlung sind beim Unit Injector und Unit Pump System sehr ähnlich. Sie unterscheiden sich lediglich im Hochdruckteil.

Um eine übersichtlichere Darstellung zu erhalten, sind nur die Sensoren und Sollwertgeber an ihrem Einbauort dargestellt, deren Einbauposition zum Verständnis der Anlage notwendig ist.

Über den CAN-Bus im Bereich „Schnittstellen" (B) ist der Datenaustausch zu den verschiedensten Bereichen möglich (z. B. Getriebesteuerung, Antriebsschlupfregelung (ASR), Elektronisches Stabilitätsprogramm (ESP), Ölgütesensor, Fahrtschreiber, Abstandsradar, Fahrzeugmanagement, Bremskoordinator, Flottenmanagement – bis zu 30 Steuergeräte). Auch der Generator (18) und die Klimaanlage (17) können über den CAN-Bus angeschlossen sein.

Für die Abgasnachbehandlung werden drei mögliche Kombinationssysteme aufgeführt (a, b oder c).

Bild 6
Motor, Motorsteuerung und
Hochdruck-Einspritzkomponenten
22 Unit Pump und Düsenhalterkombination
23 Unit Injector
24 Nockenwelle
25 Kipphebel
26 Motorsteuergerät
27 Relais
28 Zusatzaggregate (z. B. Retarder, Auspuffklappe für Motorbremse, Starter, Lüfter)
29 Dieselmotor (DI)
30 Flammkerze (alternativ Grid-Heater)
M Drehmoment

A Sensoren und Sollwertgeber
1 Fahrpedalsensor
2 Kupplungsschalter
3 Bremskontakte (2)
4 Motorbremskontakt
5 Feststellbremskontakt
6 Bedienschalter (z. B. Fahrgeschwindigkeitsregler, Zwischendrehzahlregelung, Drehzahl- und Drehmomentreduktion)
7 Schlüssel-Start-Stopp („Zündschloss")
8 Turboladerdrehzahlsensor
9 Kurbelwellendrehzahlsensor (induktiv)
10 Nockenwellendrehzahlsensor
11 Kraftstofftemperatursensor
12 Motortemperatursensor (im Kühlmittelkreislauf)
13 Ladelufttemperatursensor
14 Ladedrucksensor
15 Lüfterdrehzahlsensor
16 Luftfilter-Differenzdrucksensor

B Schnittstellen
17 Klimakompressor mit Bedienteil
18 Generator
19 Diagnoseschnittstelle
20 SCR-Steuergerät
21 Luftkompressor
CAN Controller Area Network (serieller Datenbus im Kraftfahrzeug) (bis zu 3 Busse)

C Kraftstoffversorgung (Niederdruckteil)
31 Kraftstoffvorförderpumpe
32 Kraftstofffilter mit Wasserstands- und Drucksensoren
33 Steuergerätekühler
34 Kraftstoffbehälter mit Vorfilter
35 Füllstandsensor
36 Druckbegrenzungsventil

D Luftversorgung
37 Abgasrückführkühler
38 Regelklappe
39 Abgasrückführsteller mit Abgasrückführventil und Positionssensor
40 Ladeluftkühler mit Bypass für Kaltstart
41 Abgasturbolader (hier VTG) mit Positionssensor
42 Ladedrucksteller

E Abgasnachbehandlung
43 Abgastemperatursensor
44 Oxidationskatalysator
45 Differenzdrucksensor
46 katalytisch beschichteter Partikelfilter (CSF)
47 Rußsensor
48 Füllstandsensor
49 Reduktionsmitteltank
50 Reduktionsmittelförderpumpe
51 Reduktionsmitteldüse
52 NO$_X$-Sensor
53 SCR-Katalysator
54 NH$_3$-Sensor

6 Diesel-Einspritzanlage für Nkw mit Unit Injector System bzw. Unit Pump System

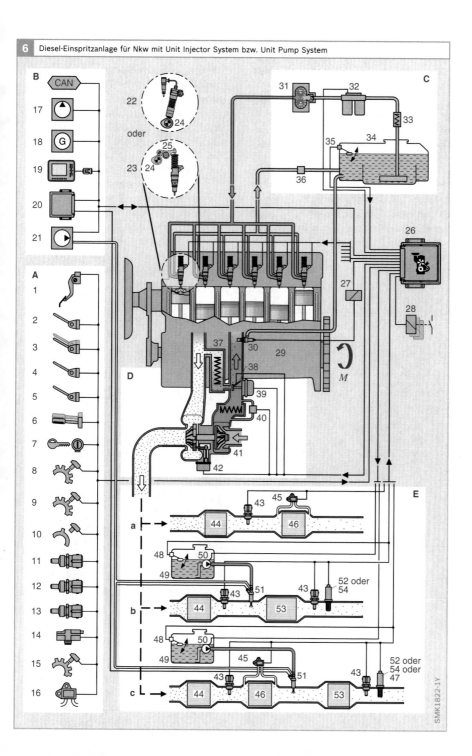

Systemübersicht Common Rail

Die Anforderungen an die Einspritzsysteme des Dieselmotors steigen ständig. Höhere Drücke, schnellere Schaltzeiten und eine flexible Anpassung des Einspritzverlaufs an den Betriebszustand des Motors machen den Dieselmotor sparsam, sauber und leistungsstark. So haben Dieselmotoren auch den Einzug in die automobile Oberklasse gefunden.

Eines dieser hoch entwickelten Einspritzsysteme ist das Speichereinspritzsystem *Common Rail (CR)*. Der Hauptvorteil des Common Rail Systems liegt in den großen Variationsmöglichkeiten bei der Gestaltung des Einspritzdrucks und der Einspritzzeitpunkte. Dies wird durch die Entkopplung von Druckerzeugung (Hochdruckpumpe) und Einspritzung (Injektoren) erreicht. Als Druckspeicher dient dabei das Rail.

Anwendungsgebiete

Das Speichereinspritzsystem Common Rail für Motoren mit Diesel-Direkteinspritzung (Direct Injection, DI) wird in folgenden Fahrzeugen eingesetzt:

▶ *Pkw* mit sehr sparsamen Dreizylinder-Motoren von 0,8 *l* Hubraum, 30 kW (41 PS) Leistung, 100 Nm Drehmoment und einem Kraftstoffverbrauch von 3,5 *l*/100 km bis hin zu Achtzylinder-Motoren in Oberklassefahrzeugen mit ca. 4 *l* Hubraum, 180 kW (245 PS) Leistung und 560 Nm Drehmoment.
▶ *Leichte Nkw* mit Leistungen bis 30 kW/Zylinder sowie
▶ *schwere Nkw* bis hin zu *Lokomotiven* und *Schiffen* mit Leistungen bis ca. 200 kW/Zylinder.

1   Speichereinspritzsystem Common Rail an einem Fünfzylinder-Dieselmotor

Bild 1

1   Kraftstoff-Rückleitung
2   Hochdruck-Kraftstoffleitung zum Injektor
3   Injektor
4   Rail
5   Raildrucksensor
6   Hochdruck-Kraftstoffleitung zum Rail
7   Kraftstoff-Rücklauf
8   Hochdruckpumpe

UMK1991Y

Das Common Rail System bietet eine hohe Flexibilität zur Anpassung der Einspritzung an den Motor. Das wird erreicht durch:
▶ Hohen Einspritzdruck bis ca. 2200 bar. An den Betriebszustand angepassten Einspritzdruck (200...2200 bar).
▶ Variablen Einspritzbeginn. Möglichkeit mehrerer Vor- und Nacheinspritzungen (selbst sehr späte Nacheinspritzungen sind möglich).

Damit leistet das Common Rail System einen Beitrag zur Erhöhung der spezifischen Leistung, zur Senkung des Kraftstoffverbrauchs sowie zur Verringerung der Geräuschemission und des Schadstoffausstoßes von Dieselmotoren.
Common Rail ist heute für moderne schnell laufende Pkw-DI-Motoren das am häufigsten eingesetzte Einspritzsystem.

Aufbau

Das Common Rail System besteht aus folgenden Hauptgruppen (Bilder 1 und 2):
▶ *Niederdruckteil* mit den Komponenten der Kraftstoffversorgung,
▶ *Hochdruckteil* mit den Komponenten Hochdruckpumpe, Rail, Injektoren und Hochdruck-Kraftstoffleitungen,
▶ *Elektronische Dieselregelung (EDC)* mit den Systemblöcken Sensoren, Steuergerät und Stellglieder (Aktoren).

Kernbestandteile des Common Rail Systems sind die Injektoren. Sie enthalten ein schnell schaltendes Ventil (Magnetventil oder Piezosteller), über das die Einspritzdüse geöffnet und geschlossen wird. So kann der Einspritzvorgang für jeden Zylinder einzeln gesteuert werden.

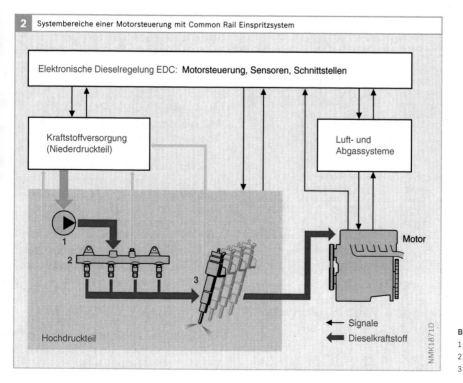

2 Systembereiche einer Motorsteuerung mit Common Rail Einspritzsystem

Elektronische Dieselregelung EDC: Motorsteuerung, Sensoren, Schnittstellen

Kraftstoffversorgung (Niederdruckteil)

Luft- und Abgassysteme

Motor

1

2

3

Hochdruckteil

← Signale
← Dieselkraftstoff

NMK1871D

Bild 2
1 Hochdruckpumpe
2 Rail
3 Injektoren

Die Injektoren sind gemeinsam am Rail angeschlossen. Daher leitet sich der Name „Common Rail" (englisch für „gemeinsame Schiene/Rohr") ab.

Kennzeichnend für das Common Rail System ist, dass der Systemdruck abhängig vom Betriebspunkt des Motors eingestellt werden kann. Die Einstellung des Drucks erfolgt über das Druckregelventil oder über die Zumesseinheit (Bild 3).

Der modulare Aufbau des Common Rail Systems erleichtert die Anpassung an die verschiedenen Motoren.

Arbeitsweise

Beim Speichereinspritzsystem Common Rail sind Druckerzeugung und Einspritzung entkoppelt. Der Einspritzdruck wird unabhängig von der Motordrehzahl und der Einspritzmenge erzeugt. Die Elektronische Dieselregelung (EDC) steuert die einzelnen Komponenten an.

Druckerzeugung
Die Entkopplung von Druckerzeugung und Einspritzung geschieht mithilfe eines Speichervolumens. Der unter Druck stehende Kraftstoff steht im Speichervolumen des „Common Rail" für die Einspritzung bereit.

Eine vom Motor angetriebene, kontinuierlich arbeitende Hochdruckpumpe baut den gewünschten Einspritzdruck auf. Sie erhält den Druck im Rail weitgehend unabhängig von der Motordrehzahl und der Einspritzmenge aufrecht. Wegen der nahezu gleichförmigen Förderung kann die Hochdruckpumpe deutlich kleiner und mit geringerem Spitzenantriebsmoment ausgelegt sein als bei konventionellen Einspritzsystemen. Das hat auch eine deutliche Entlastung des Pumpenantriebes zur Folge.

Die Hochdruckpumpe ist als Radialkolbenpumpe, bei Nkw teilweise auch als Reihenpumpe ausgeführt.

Druckregelung
Je nach System kommen unterschiedliche Verfahren der Druckregelung zur Anwendung.

Hochdruckseitige Regelung
Bei Pkw-Systemen wird der gewünschte Raildruck über ein Druckregelventil hochdruckseitig geregelt (Bild 3a, Pos. 4). Nicht für die Einspritzung benötigter Kraftstoff fließt über das Druckregelventil in den Niederdruckkreis zurück. Diese Regelung ermöglicht eine schnelle Anpassung des Raildrucks bei Änderung des Betriebspunkts (z. B. bei Lastwechsel).

Bild 3
a Hochdruckseitige Druckregelung mit Druckregelventil für Pkw-Anwendung
b Saugseitige Druckregelung mit an der Hochdruckpumpe angeflanschter Zumesseinheit (für Pkw und Nkw)
c Saugseitige Druckregelung mit Zumesseinheit und zusätzliche Regelung mit Druckregelventil (für Pkw)

1 Hochdruckpumpe
2 Kraftstoffzulauf
3 Kraftstoffrücklauf
4 Druckregelventil
5 Rail
6 Raildrucksensor
7 Anschluss Injektor
8 Anschluss Kraftstoffrücklauf
9 Druckbegrenzungsventil
10 Zumesseinheit
11 Druckregelventil

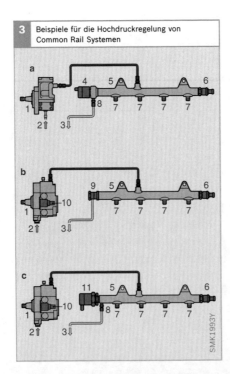

3 Beispiele für die Hochdruckregelung von Common Rail Systemen

SMK1993Y

Die hochdruckseitige Regelung wurde bei den ersten Common Rail Systemen angewandt. Das Druckregelventil ist vorzugsweise am Rail, bei einzelnen Anwendungen direkt an der Hochdruckpumpe angebaut.

Saugseitige Mengenregelung

Eine weitere Möglichkeit, den Raildruck zu regeln, besteht in der saugseitigen Mengenregelung (Bild 3b). Die an der Hochdruckpumpe angeflanschte Zumesseinheit (10) sorgt dafür, dass die Pumpe exakt die Kraftstoffmenge in das Rail fördert, mit welcher der vom System geforderte Einspritzdruck aufrechterhalten wird. Ein Druckbegrenzungsventil (9) verhindert im Fehlerfall einen unzulässig hohen Anstieg des Raildrucks.

Mit der saugseitigen Mengenregelung ist die auf Hochdruck verdichtete Kraftstoffmenge und somit auch die Leistungsaufnahme der Pumpe geringer. Das wirkt sich positiv auf den Kraftstoffverbrauch aus. Außerdem wird die Temperatur des in den Kraftstoffbehälter rücklaufenden Kraftstoffs gegenüber der hochdruckseitigen Regelung reduziert.

Zweistellersystem

Das Zweistellersystem (Bild 3c) mit der saugseitigen Druckregelung über die Zumesseinheit und der hochdruckseitigen Regelung über das Druckregelventil kombiniert die Vorteile von hochdruckseitiger Regelung und saugseitiger Mengenregelung (s. Abschnitt „Common Rail System für Pkw").

Einspritzung

Die Injektoren spritzen den Kraftstoff direkt in den Brennraum des Motors ein. Sie werden über kurze Hochdruck-Kraftstoffleitungen aus dem Rail versorgt. Das Motorsteuergerät steuert das im Injektor integrierte Schaltventil an, das die Einspritzdüse öffnet und wieder schließt.

Öffnungsdauer des Injektors und Systemdruck bestimmen die eingebrachte Kraftstoffmenge. Sie ist bei konstantem Druck proportional zur Einschaltzeit des Schaltventils und damit unabhängig von der Motor- bzw. Pumpendrehzahl (zeitgesteuerte Einspritzung).

Hydraulisches Leistungspotenzial

Die Trennung der Funktionen *Druckerzeugung* und *Einspritzung* eröffnet gegenüber konventionellen Einspritzsystemen einen weiteren Freiheitsgrad bei der Verbrennungsentwicklung: der Einspritzdruck kann im Kennfeld weitgehend frei gewählt werden. Der maximale Einspritzdruck beträgt derzeit 1800 bar.

Das Common Rail System ermöglicht mit Voreinspritzungen bzw. Mehrfacheinspritzungen eine weitere Absenkung von Abgasemissionen und reduziert deutlich das Verbrennungsgeräusch. Mit mehrmaligem Ansteuern des äußerst schnellen Schaltventils lassen sich Mehrfacheinspritzungen mit bis zu fünf Einspritzungen pro Einspritzzyklus erzeugen. Die Düsennadel schließt mit hydraulischer Unterstützung und sichert so ein rasches Spritzende.

Steuerung und Regelung

Arbeitsweise

Das Motorsteuergerät erfasst mithilfe der Sensoren die Fahrpedalstellung und den aktuellen Betriebszustand von Motor und Fahrzeug (siehe auch Kapitel „Elektronische Dieselregelung"). Dazu gehören unter anderem:

▶ Kurbelwellendrehzahl und -winkel,
▶ Raildruck,
▶ Ladedruck,
▶ Ansaugluft-, Kühlmittel- und Kraftstofftemperatur,
▶ angesaugte Luftmasse,
▶ Fahrgeschwindigkeit usw.

Das Steuergerät wertet die Eingangssignale aus und berechnet verbrennungssynchron die Ansteuersignale für das Druckregelventil oder die Zumesseinheit, die Injektoren und die übrigen Stellglieder (z. B. Abgasrückführventil, Steller des Turboladers).

Die erforderlichen kurzen Schaltzeiten für die Injektoren lassen sich mit den optimierten Hochdruckschaltventilen und einer speziellen Ansteuerung erreichen.

Das Winkel-Zeit-System gleicht den Einspritzzeitpunkt mit den Daten des Kurbel- und Nockenwellensensors an den Motorzustand an (Zeitsteuerung). Die Elektronische Dieselregelung (EDC) erlaubt es, die Einspritzmenge exakt zu dosieren. Außerdem bietet die EDC das Potenzial für weitere Zusatzfunktionen, die das Fahrverhalten verbessern und den Komfort erhöhen.

Grundfunktionen

Die Grundfunktionen steuern die Einspritzung von Dieselkraftstoff zum richtigen Zeitpunkt, in der richtigen Menge und mit dem vorgegebenen Druck. Sie sichern damit einen verbrauchsgünstigen und ruhigen Lauf des Dieselmotors.

Korrekturfunktionen für die Einspritzberechnung

Um Toleranzen von Einspritzsystem und Motor auszugleichen, stehen eine Reihe von Korrekturfunktionen zur Verfügung:

▶ Injektormengenabgleich,
▶ Nullmengenkalibrierung,
▶ Mengenausgleichsregelung,
▶ Mengenmittelwertadaption.

Zusatzfunktionen

Zusätzliche Steuer- und Regelfunktionen dienen einer Reduzierung der Abgasemissionen und des Kraftstoffverbrauchs oder erhöhen die Sicherheit und den Komfort. Beispiele dafür sind:

▶ Regelung der Abgasrückführung,
▶ Ladedruckregelung,
▶ Fahrgeschwindigkeitsregelung,
▶ elektronische Wegfahrsperre usw.

Die Integration der EDC in ein Fahrzeug-Gesamtsystem eröffnet ebenfalls eine Reihe neuer Möglichkeiten, z. B. Datenaustausch mit der Getriebesteuerung oder der Klimaregelung.

Eine Diagnoseschnittstelle erlaubt die Auswertung der gespeicherten Systemdaten bei der Fahrzeuginspektion.

Steuergerätekonfiguration

Da das Motorsteuergerät in der Regel nur bis zu acht Endstufen für die Injektoren besitzt, werden für Motoren mit mehr als acht Zylindern zwei Motorsteuergeräte eingesetzt. Sie sind über eine sehr schnelle interne CAN-Schnittstelle im „Master Slave"-Verbund gekoppelt. Dadurch steht auch mehr Mikrocontrollerkapazität zur Verfügung. Einige Funktionen sind jeweils fest einem Steuergerät zugeordnet (z. B. Mengenausgleichsregelung). Andere können bei der Konfiguration flexibel einem Steuergerät zugeordnet werden (z. B. die Erfassung von Sensoren).

▶ Injektormengenabgleich

Funktionsbeschreibung

Der Injektormengenabgleich (IMA) ist eine Softwarefunktion zur Steigerung der Mengenzumessgenauigkeit und gleichzeitig der Injektor-Gutausbringung am Motor. Die Funktion hat die Aufgabe, die Einspritzmenge für jeden Injektor eines CR-Systems im gesamten Kennfeldbereich individuell auf den Sollwert zu korrigieren. Dadurch ergibt sich eine Reduktion der Systemtoleranzen und des Emissionsstreubandes. Die für die IMA benötigten Abgleichwerte stellen die Differenz zum Sollwert des jeweiligen Werksprüfpunktes dar und werden in verschlüsselter Form auf jeden Injektor beschriftet.

Mithilfe eines Korrekturkennfeldes, das mit den Abgleichwerten eine Korrekturmenge errechnet, wird der gesamte motorisch relevante Bereich korrigiert. Am Bandende des Automobilherstellers werden die EDC-Abgleichwerte der verbauten Injektoren und die Zuordnung zu den Zylindern über EOL-Programmierung in das Steuergerät programmiert. Auch bei einem Injektoraustausch in der Kundendienstwerkstatt werden die Abgleichwerte neu programmiert.

Notwendigkeit dieser Funktion

Die technischen Aufwendungen für eine weitere Einengung der Fertigungstoleranzen von Injektoren steigen exponentiell und erscheinen finanziell unwirtschaftlich. Der IMA stellt die zielführende Lösung dar, die Gutausbringung zu erhöhen und gleichzeitig die motorische Mengenzumessgenauigkeit und damit die Emissionen zu verbessern.

Messwerte bei der Prüfung

Bei der Bandendeprüfung wird jeder Injektor an mehreren Punkten, die repräsentativ für das Streuverhalten dieses Injektortyps sind, gemessen. An diesen Punkten werden die Abweichungen zum Sollwert (Abgleichwerte) berechnet und anschließend auf dem Injektorkopf beschriftet.

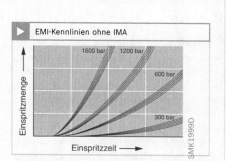

▶ EMI-Kennlinien ohne IMA

SMK1999D

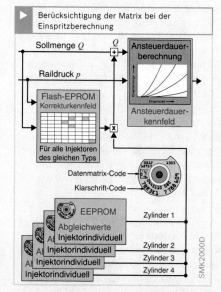

▶ Berücksichtigung der Matrix bei der Einspritzberechnung

SMK2000D

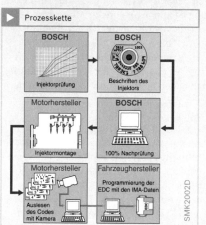

▶ Prozesskette

SMK2002D

Bild 1
Kennlinien verschiedener Injektoren in Abhängigkeit des Raildrucks.
Der IMA reduziert die Streubreite der Kennlinien.
EMI Einspritzmengenindikator

Bild 2
Berechnung der Injektor-Ansteuerdauer aus Sollmenge, Raildruck und Korrekturwerten

Bild 3
Darstellung der Prozesskette vom Injektorabgleich bei Bosch bis zur Bandende-Programmierung beim Fahrzeughersteller

Common Rail System für Pkw

Kraftstoffversorgung

Bei Common Rail Systemen für Pkw kommen für die Förderung des Kraftstoffs zur Hochdruckpumpe Elektrokraftstoffpumpen oder Zahnradpumpen zur Anwendung.

Systeme mit Elektrokraftstoffpumpe

Die Elektrokraftstoffpumpe – als Bestandteil der Tankeinbaueinheit im Kraftstoffbehälter eingesetzt (Intank) oder in der Kraftstoffzuleitung verbaut (Inline) – saugt den Kraftstoff über ein Vorfilter an und fördert ihn mit einem Druck von 6 bar zur Hochdruckpumpe (Bild 3). Die maximale Förderleis-tung beträgt 190 l/h. Um einen schnellen Motorstart zu gewährleisten, schaltet die Pumpe schon bei Drehen des Zündschlüssels ein. Damit ist sichergestellt, dass bei Motorstart der nötige Druck im Niederdruckkreis vorhanden ist.

In der Zuleitung zur Hochdruckpumpe ist der Kraftstofffilter (Feinfilter) eingebaut.

Systeme mit Zahnradpumpe

Die Zahnradpumpe ist an die Hochdruckpumpe angeflanscht und wird von deren Antriebswelle mit angetrieben (Bilder 1 und 2). Somit fördert die Zahnradpumpe erst bei Starten des Motors. Die Förderleistung ist abhängig von der Motordrehzahl und beträgt bis zu 400 l/h bei einem Druck bis zu 7 bar.

Im Kraftstoffbehälter ist ein Kraftstoff-Vorfilter eingebaut. Der Feinfilter befindet sich in der Zuleitung zur Zahnradpumpe.

Kombinationssysteme

Es gibt auch Anwendungen, die beide Pumpenarten einsetzen. Die Elektrokraftstoffpumpe sorgt insbesondere bei einem Heißstart für ein verbessertes Startverhalten, da die Förderleistung der Zahnradpumpe bei heißem und damit dünnflüssigerem Kraftstoff und niedriger Pumpendrehzahl verringert ist.

Hochdruckregelung

Beim Common Rail System der ersten Generation erfolgt die Regelung des Raildrucks über das Druckregelventil. Die Hochdruckpumpe (Ausführung CP1) fördert unabhängig vom Kraftstoffbedarf die maximale Fördermenge, das Druckregelventil führt überschüssig geförderten Kraftstoff in den Kraftstoffbehälter zurück.

Das Common Rail System der zweiten Generation regelt den Raildruck niederdruckseitig über die Zumesseinheit (Bilder 1 und 2). Die Hochdruckpumpe (Ausführung CP3 und CP1H) muss nur die Kraftstoffmenge fördern, die der Motor tatsächlich benötigt. Der Energiebedarf der Hochdruckpumpe und damit der Kraftstoffverbrauch sind dadurch geringer.

Das Common Rail System der dritten Generation ist durch die Piezo-Inline-Injektoren gekennzeichnet (Bild 3).

Wenn der Druck nur auf der Niederdruckseite eingestellt werden kann, dauert bei schnellen negativen Lastwechseln der Druckabbau im Rail zu lange. Die Dynamik für die Druckanpassung an die veränderten Lastbedingungen ist zu träge. Dies ist insbesondere bei Piezo-Inline-Injektoren aufgrund der nur geringen inneren Leckagen der Fall. Einige Common Rail Systeme enthalten deshalb neben der Hochdruckpumpe mit Zumesseinheit zusätzlich ein Druckregelventil (Bild 3). Mit diesem Zweistellersystem werden die Vorteile der niederdruckseitigen Regelung mit dem günstigen dynamischen Verhalten der hochdruckseitigen Regelung kombiniert.

Ein weiterer Vorteil gegenüber der ausschließlich niederdruckseitigen Regelmöglichkeit ergibt sich dadurch, dass bei kaltem Motor eine hochdruckseitige Regelung vorgenommen werden kann. Die Hochdruckpumpe fördert somit mehr Kraftstoff als eingespritzt wird, die Druckregelung erfolgt über das Druckregelventil. Der Kraftstoff wird durch die Komprimierung erwärmt, wodurch auf eine zusätzliche Kraftstoffheizung verzichtet werden kann.

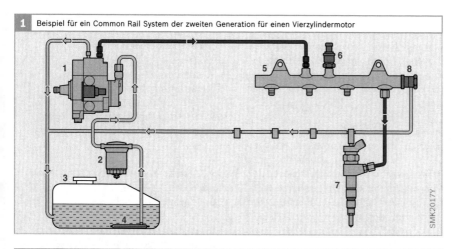

1 | Beispiel für ein Common Rail System der zweiten Generation für einen Vierzylindermotor

SMK2017Y

Bild 1
1   Hochdruckpumpe
    CP3 mit angebauter
    Zahnrad-Vorförder-
    pumpe und Zumess-
    einheit
2   Kraftstofffilter mit
    Wasserabscheider
    und Heizung
    (optional)
3   Kraftstoffbehälter
4   Vorfilter
5   Rail
6   Raildrucksensor
7   Magnetventil-
    Injektor
8   Druckbegrenzungs-
    ventil

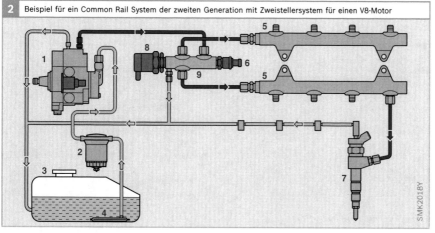

2 | Beispiel für ein Common Rail System der zweiten Generation mit Zweistellersystem für einen V8-Motor

SMK2018Y

Bild 2
1   Hochdruckpumpe
    CP3 mit angebauter
    Zahnrad-Vorförder-
    pumpe und
    Zumesseinheit
2   Kraftstofffilter mit
    Wasserabscheider
    und Heizung
    (optional)
3   Kraftstoffbehälter
4   Vorfilter
5   Rail
6   Raildrucksensor
7   Magnetventil-
    Injektor
8   Druckregelventil
9   Funktionsblock
    (Verteiler)

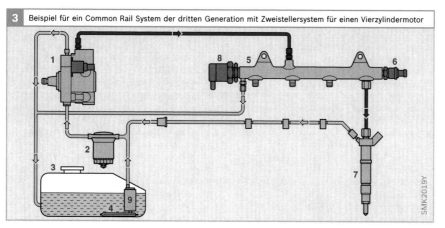

3 | Beispiel für ein Common Rail System der dritten Generation mit Zweistellersystem für einen Vierzylindermotor

SMK2019Y

Bild 3
1   Hochdruckpumpe
    CP1H mit Zumess-
    einheit
2   Kraftstofffilter mit
    Wasserabscheider
    und Heizung
    (optional)
3   Kraftstoffbehälter
4   Vorfilter
5   Rail
6   Raildrucksensor
7   Piezo-Inline-Injektor
8   Druckregelventil
9   Elektrokraftstoff-
    pumpe

Systembild Pkw

Bild 4 zeigt alle Komponenten eines Common Rail Systems für einen Vierzylinder-Pkw-Dieselmotor mit Vollausstattung. Je nach Fahrzeugtyp und Einsatzart kommen einzelne Komponenten nicht zur Anwendung.

Um eine übersichtlichere Darstellung zu erhalten, sind die Sensoren und Sollwertgeber (A) nicht an ihrem Einbauort dargestellt. Ausnahme bilden die Sensoren der Abgasnachbehandlung (F) und der Raildrucksensor, da ihre Einbauposition zum Verständnis der Anlage notwendig ist.

Über den CAN-Bus im Bereich „Schnittstellen" (B) ist der Datenaustausch zu den verschiedensten Bereichen möglich:
- Starter,
- Generator,
- elektronische Wegfahrsperre,
- Getriebesteuerung,
- Antriebsschlupfregelung (ASR) und
- Elektronisches Stabilitäts-Programm (ESP).

Auch das Kombiinstrument (13) und die Klimaanlage (14) können über den CAN-Bus angeschlossen sein.

Für die Abgasnachbehandlung werden zwei mögliche Kombinationssysteme aufgeführt (a oder b).

Bild 4

Motor, Motorsteuerung und Hochdruck-Einspritzkomponenten

17 Hochdruckpumpe
18 Zumesseinheit
25 Motorsteuergerät
26 Rail
27 Raildrucksensor
28 Druckregelventil (DRV-2)
29 Injektor
30 Glühstiftkerze
31 Dieselmotor (DI)
M Drehmoment

A Sensoren und Sollwertgeber

1 Fahrpedalsensor
2 Kupplungsschalter
3 Bremskontakte (2)
4 Bedienteil für Fahrgeschwindigkeitsregler
5 Glüh-Start-Schalter („Zündschloss")
6 Fahrgeschwindigkeitssensor
7 Kurbelwellendrehzahlsensor (induktiv)
8 Nockenwellendrehzahlsensor (Induktiv- oder Hall-Sensor)
9 Motortemperatursensor (im Kühlmittelkreislauf)
10 Ansauglufttemperatursensor
11 Ladedrucksensor
12 Heißfilm-Luftmassenmesser (Ansaugluft)

B Schnittstellen

13 Kombiinstrument mit Signalausgabe für Kraftstoffverbrauch, Drehzahl usw.
14 Klimakompressor mit Bedienteil
15 Diagnoseschnittstelle

16 Glühzeitsteuergerät
CAN Controller Area Network
   (serieller Datenbus im Kraftfahrzeug)

C Kraftstoffversorgung (Niederdruckteil)

19 Kraftstofffilter mit Überströmventil
20 Kraftstoffbehälter mit Vorfilter und Elektrokraftstoffpumpe, EKP (Vorförderpumpe)
21 Füllstandsensor

D Additivsystem

22 Additivdosiereinheit
23 Additiv-Control-Steuergerät
24 Additivtank

E Luftversorgung

32 Abgasrückführkühler
33 Ladedrucksteller
34 Abgasturbolader (hier mit variabler Turbinengeometrie, VTG)
35 Regelklappe
36 Abgasrückführsteller
37 Unterdruckpumpe

F Abgasnachbehandlung

38 Breitband-Lambda-Sonde LSU
39 Abgastemperatursensor
40 Oxidationskatalysator
41 Partikelfilter
42 Differenzdrucksensor
43 NO$_x$-Speicherkatalysator
44 Breitband-Lambda-Sonde, optional NOX-Sensor

4 Diesel-Einspritzanlage für Pkw mit Common Rail Einspritzsystem

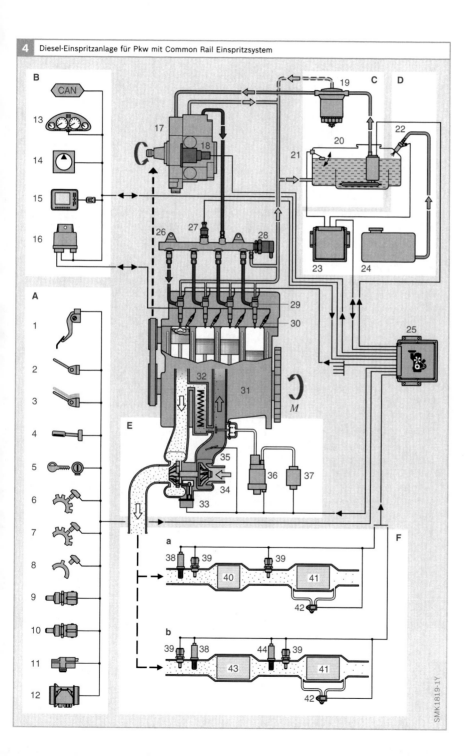

B

CAN

13

14

15

16

A

1
2
3
4
5
6
7
8
9
10
11
12

17
18
26 27 28
29
30
E
32
31
M
35
36 37
34
33

19 C D
20 21 22
23 24
25

a F
38 39 39
40 41
42

b
39 38 44 39
43 41
42

SMK1819-1Y

▶ Dieselboom in Europa

Einsatz des Dieselmotors

Zu Beginn der Automobilgeschichte war der Ottomotor das Antriebsaggregat für Straßenfahrzeuge. Im Jahr 1927 wurden schließlich die ersten Nkw, 1936 dann auch Pkw mit Dieselmotoren ausgeliefert.

Im Nkw-Bereich konnte sich der Dieselmotor aufgrund seiner Wirtschaftlichkeit und Langlebigkeit durchsetzen. Im Pkw-Bereich hingegen führte der Dieselmotor lange Zeit noch ein Schattendasein. Erst mit den direkt einspritzenden modernen Dieselmotoren mit Aufladung – das Prinzip der Direkteinspritzung wurde schon bei den ersten Nkw-Dieselmotoren angewandt – hat sich das Erscheinungsbild des Diesels gewandelt. Mittlerweile liegt der Diesel-Anteil an neu zugelassenen Pkw in Europa bei annähernd 50 %.

Merkmale des Dieselmotors

Was zeichnet den Dieselmotor der Gegenwart aus, dass er in Europa einen derartigen Boom erlebt?

Wirtschaftlichkeit
Zum einen ist der Kraftstoffverbrauch gegenüber vergleichbaren Ottomotoren immer noch geringer – das ergibt sich aus dem höheren Wirkungsgrad des Dieselmotors. Zum anderen werden Dieselkraftstoffe in vielen europäischen Ländern geringer besteuert. Für Vielfahrer ist der Diesel somit trotz des höheren Anschaffungspreises die wirtschaftlichere Alternative.

Fahrspaß
Nahezu alle aktuellen Dieselmodelle arbeiten mit Aufladung. Dadurch kann schon im niedrigen Drehzahlbereich eine hohe Zylinderfüllung erreicht werden. Entsprechend hoch kann auch die zugemessene Kraftstoffmenge sein, wodurch der Motor ein hohes Drehmoment erzeugt. Daraus ergibt sich ein Drehmomentverlauf, der das Fahren mit hohem Drehmoment schon bei niedrigen Drehzahlen ermöglicht.

Das Drehmoment – und nicht etwa die Motorleistung – ist entscheidend für die Durchzugskraft des Motors. Im Vergleich zu einem Ottomotor ohne Aufladung kann auch mit einem leistungsschwächeren Dieselmotor mehr „Fahrspaß" erreicht werden. Das Image des „lahmen Stinkers" trifft auf Dieselfahrzeuge der neuen Generationen nicht mehr zu.

Umweltverträglichkeit
Die Rauchschwaden, die Dieselfahrzeuge früher im höheren Lastbetrieb produzierten, gehören der Vergangenheit an. Möglich wurde das durch verbesserte Einspritzsysteme und die Elektronische Dieselregelung (EDC). Die Kraftstoffmenge kann mit diesen Systemen exakt dosiert und an den Motorbetriebspunkt und die Umgebungsbedingungen angepasst werden. Mit dieser Technik werden die aktuell gültigen Abgasnormen erfüllt.

Oxidationskatalysatoren, die Kohlenmonoxid (CO) und Kohlenwasserstoffe (HC) aus dem Abgas entfernen, sind beim Dieselmotor Standard. Mit weiteren Systemen zur Abgasnachbehandlung, wie z. B. Partikelfilter und NO_x-Speicherkatalysatoren, werden auch zukünftige verschärfte Abgasnormen erfüllt – auch die Normen der US-Gesetzgebung.

▶ **Typischer Drehmoment- und Leistungsverlauf eines Pkw-Dieselmotors**

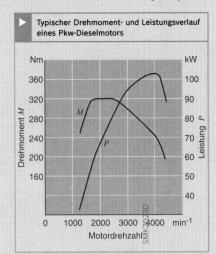

Common Rail System für Nkw

Kraftstoffversorgung

Vorförderung

Common Rail Systeme für leichte Nutzfahrzeuge unterscheiden sich nur wenig von den Pkw-Systemen. Zur Vorförderung des Kraftstoffs werden Elektrokraftstoff- oder Zahnradpumpen eingesetzt. Bei Common Rail Systemen für schwere Nkw kommen für die Förderung des Kraftstoffs zur Hochdruckpumpe ausschließlich Zahnradpumpen (s. Kapitel „Kraftstoffversorgung Niederdruckteil", Abschnitt

„Zahnradkraftstoffpumpe") zur Anwendung. Die Vorförderpumpe ist in der Regel an der Hochdruckpumpe angeflanscht (Bilder 1 und 2), bei verschiedenen Anwendungen ist sie am Motor befestigt.

Kraftstofffilterung

Im Gegensatz zu Pkw-Systemen ist hier der Kraftstofffilter (Feinfilter) druckseitig eingebaut. Die Hochdruckpumpe benötigt daher auch bei angeflanschter Zahnradpumpe einen außen liegenden Kraftstoffzulauf.

1 Common Rail System für Nkw mit Hochdruckpumpe CP3

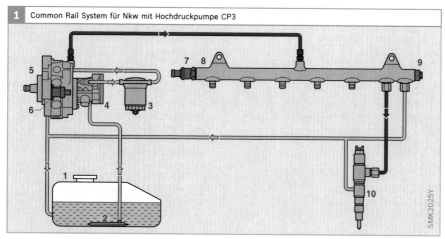

Bild 1
1 Kraftstoffbehälter
2 Vorfilter
3 Kraftstofffilter
4 Zahnrad-
  Vorförderpumpe
5 Hochdruckpumpe
  CP3.4
6 Zumesseinheit
7 Raildrucksensor
8 Rail
9 Druckbegrenzungs-
  ventil
10 Injektor

2 Common Rail System für Nkw mit Hochdruckpumpe CPN2

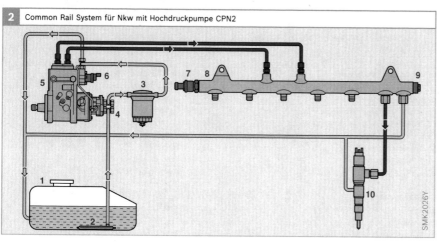

Bild 2
1 Kraftstoffbehälter
2 Vorfilter
3 Kraftstofffilter
4 Zahnrad-
  Vorförderpumpe
5 Hochdruckpumpe
  CPN2.2
6 Zumesseinheit
7 Raildrucksensor
8 Rail
9 Druckbegrenzungs-
  ventil
10 Injektor

Systembild Nkw

Bild 3 zeigt alle Komponenten eines Common Rail Systems für einen Sechszylinder-Nkw-Dieselmotor. Je nach Fahrzeugtyp und Einsatzart kommen einzelne Komponenten nicht zur Anwendung.

Um eine übersichtlichere Darstellung zu erhalten, sind nur die Sensoren und Sollwertgeber an ihrem Einbauort dargestellt, deren Einbauposition zum Verständnis der Anlage notwendig ist.

Über den CAN-Bus im Bereich „Schnittstellen" (B) ist der Datenaustausch zu den verschiedensten Bereichen möglich (z. B.

Getriebesteuerung, Antriebsschlupfregelung ASR, Elektronisches Stabilitäts-Programm ESP, Ölgütesensor, Fahrtschreiber, Abstandsradar ACC, Bremskoordinator – bis zu 30 Steuergeräte). Auch der Generator (18) und die Klimaanlage (17) können über den CAN-Bus angeschlossen sein.

Für die Abgasnachbehandlung werden drei mögliche Systeme aufgeführt: ein reines DPF-System (a) vorwiegend für den US-Markt, ein reines SCR-System (b) vorwiegend für den EU-Markt sowie ein Kombinationssystem (c).

Bild 3

Motor, Motorsteuerung und Hochdruck-Einspritzkomponenten
22 Hochdruckpumpe
29 Motorsteuergerät
30 Rail
31 Raildrucksensor
32 Injektor
33 Relais
34 Zusatzaggregate (z.-B. Retarder, Auspuffklappe für Motorbremse, Starter, Lüfter)
35 Dieselmotor (DI)
36 Flammkerze (alternativ Grid-Heater)
M Drehmoment

A Sensoren und Sollwertgeber
1 Fahrpedalsensor
2 Kupplungsschalter
3 Bremskontakte (2)
4 Motorbremskontakt
5 Feststellbremskontakt
6 Bedienschalter (z. B. Fahrgeschwindigkeitsregler, Zwischendrehzahlregelung, Drehzahl- und Drehmomentreduktion)
7 Schlüssel-Start-Stopp („Zündschloss")
8 Turboladerdrehzahlsensor
9 Kurbelwellendrehzahlsensor (induktiv)
10 Nockenwellendrehzahlsensor
11 Kraftstofftemperatursensor
12 Motortemperatursensor (im Kühlmittelkreislauf)
13 Ladelufttemperatursensor
14 Ladedrucksensor
15 Lüfterdrehzahlsensor
16 Luftfilter-Differenzdrucksensor

B Schnittstellen
17 Klimakompressor mit Bedienteil
18 Generator
19 Diagnoseschnittstelle

20 SCR-Steuergerät
21 Luftkompressor
CAN Controller Area Network (serieller Datenbus im Kraftfahrzeug) (bis zu 3 Busse)

C Kraftstoffversorgung (Niederdruckteil)
23 Kraftstoffvorförderpumpe
24 Kraftstofffilter mit Wasserstands- und Drucksensoren
25 Steuergerätekühler
26 Kraftstoffbehälter mit Vorfilter
27 Druckbegrenzungsventil
28 Füllstandsensor

D Luftversorgung
37 Abgasrückführkühler
38 Regelklappe
39 Abgasrückführsteller mit Abgasrückführventil und Positionssensor
40 Ladeluftkühler mit Bypass für Kaltstart
41 Abgasturbolader (hier mit variabler Turbinengeometrie VTG) mit Positionssensor
42 Ladedrucksteller

E Abgasnachbehandlung
43 Abgastemperatursensor
44 Oxidationskatalysator
45 Differenzdrucksensor
46 katalytisch beschichteter Partikelfilter (CSF)
47 Rußsensor
48 Füllstandsensor
49 Reduktionsmitteltank
50 Reduktionsmittelförderpumpe
51 Reduktionsmitteldüse
52 NO_X-Sensor
53 SCR-Katalysator
54 NH_3-Sensor

3 Diesel-Einspritzanlage für Nkw mit Common Rail System

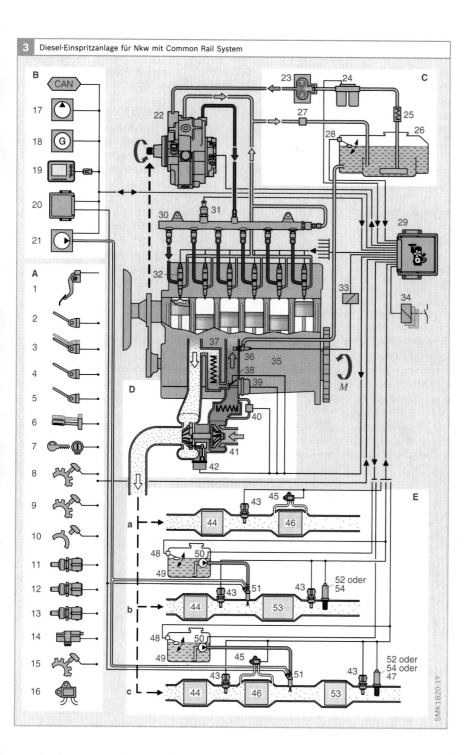

Elektronische Dieselregelung EDC

Die elektronische Steuerung des Dieselmotors erlaubt eine exakte und differenzierte Gestaltung der Einspritzgrößen. Nur so können die vielen Anforderungen erfüllt werden, die an einen modernen Dieselmotor gestellt werden. Die „Elektronische Dieselregelung" EDC (Electronic Diesel Control) wird in die drei Systemblöcke „Sensoren und Sollwertgeber", „Steuergerät" und „Stellglieder (Aktoren)" unterteilt.

Systemübersicht

Anforderungen

Die Senkung des Kraftstoffverbrauchs und der Schadstoffemissionen (NO$_X$, CO, HC, Partikel) bei gleichzeitiger Leistungssteigerung bzw. Drehmomenterhöhung der Motoren bestimmt die aktuelle Entwicklung auf dem Gebiet der Dieseltechnik. Dies führte in den letzten Jahren zu einem erhöhten Einsatz von direkt einspritzenden Dieselmotoren (DI), bei denen die Einspritzdrücke gegenüber den indirekt einspritzenden Motoren (IDI) mit Wirbelkammer- oder Vorkammerverfahren deutlich höher sind. Aufgrund der besseren Gemischbildung und fehlender Überströmverluste zwischen Vorkammer bzw.

Wirbelkammer und dem Hauptbrennraum ist der Kraftstoffverbrauch der direkt einspritzenden Motoren gegenüber indirekt einspritzenden um 10 ... 20 % reduziert.

Weiterhin wirken sich die hohen Ansprüche an den Fahrkomfort auf die Entwicklung moderner Dieselmotoren aus. Auch an die Geräuschemissionen werden immer höhere Forderungen gestellt.

Daraus ergaben sich gestiegene Ansprüche an das Einspritzsystem und dessen Regelung in Bezug auf:
▸ hohe Einspritzdrücke,
▸ Einspritzverlaufsformung,
▸ Voreinspritzung und gegebenenfalls Nacheinspritzung,
▸ an jeden Betriebszustand angepasste(r) Einspritzmenge, Ladedruck und Spritzbeginn,
▸ temperaturabhängige Startmenge,
▸ lastunabhängige Leerlaufdrehzahlregelung,
▸ geregelte Abgasrückführung,
▸ Fahrgeschwindigkeitsregelung sowie
▸ geringe Toleranzen der Einspritzzeit und -menge und hohe Genauigkeit während der gesamten Lebensdauer (Langzeitverhalten).

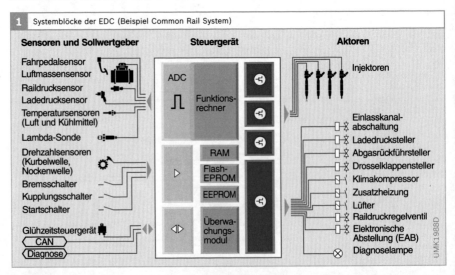

1   Systemblöcke der EDC (Beispiel Common Rail System)

Sensoren und Sollwertgeber	Steuergerät	Aktoren
Fahrpedalsensor	ADC	Injektoren
Luftmassensensor		
Raildrucksensor	Funktionsrechner	Einlasskanalabschaltung
Ladedrucksensor		Ladedrucksteller
Temperatursensoren (Luft und Kühlmittel)		Abgasrückführsteller
Lambda-Sonde		Drosselklappensteller
Drehzahlsensoren (Kurbelwelle, Nockenwelle)	RAM	Klimakompressor
Bremsschalter	Flash-EPROM	Zusatzheizung
Kupplungsschalter	EEPROM	Lüfter
Startschalter		Raildruckregelventil
Glühzeitsteuergerät	Überwachungsmodul	Elektronische Abstellung (EAB)
CAN		Diagnoselampe
Diagnose		

UMK1988D

Die herkömmliche mechanische Drehzahlregelung erfasst mit diversen Anpassvorrichtungen die verschiedenen Betriebszustände und gewährleistet eine hohe Qualität der Gemischaufbereitung. Sie beschränkt sich allerdings auf einen einfachen Regelkreis am Motor und kann verschiedene wichtige Einflussgrößen nicht bzw. nicht schnell genug erfassen.

Die EDC entwickelte sich mit den steigenden Anforderungen vom einfachen System mit elektrisch angesteuerter Stellwelle zu einer komplexen elektronischen Motorsteuerung, die eine Vielzahl von Daten in Echtzeit verarbeiten kann. Sie kann Teil eines elektronischen Fahrzeuggesamtsystems sein (Drive by wire). Durch die zunehmende Integration der elektronischen Komponenten kann die komplexe Elektronik auf engstem Raum untergebracht werden.

Arbeitsweise

Die Elektronische Dieselregelung (EDC) ist durch die in den letzten Jahren stark gestiegene Rechenleistung der verfügbaren Mikrocontroller in der Lage, die zuvor genannten Anforderungen zu erfüllen.

Im Gegensatz zu Dieselfahrzeugen mit konventionellen mechanisch geregelten Einspritzpumpen hat der Fahrer bei einem EDC-System keinen direkten Einfluss auf die eingespritzte Kraftstoffmenge, z. B. über das Fahrpedal und einen Seilzug. Die Einspritzmenge wird vielmehr durch verschiedene Einflussgrößen bestimmt. Dies sind z. B.:

▸ Fahrerwunsch (Fahrpedalstellung),
▸ Betriebszustand,
▸ Motortemperatur,
▸ Eingriffe weiterer Systeme (z. B. ASR),
▸ Auswirkungen auf die Schadstoffemissionen usw.

Die Einspritzmenge wird aus diesen Einflussgrößen im Steuergerät errechnet. Auch der Einspritzzeitpunkt kann variiert werden. Dies bedingt ein umfangreiches Überwachungskonzept, das auftretende Abweichungen erkennt und gemäß der Auswirkungen entsprechende Maßnahmen einleitet (z. B. Drehmomentbegrenzung oder Notlauf im Leerlaufdrehzahlbereich). In der EDC sind deshalb mehrere Regelkreise enthalten.

Die Elektronische Dieselregelung ermöglicht auch einen Datenaustausch mit anderen elektronischen Systemen wie z. B. Antriebsschlupfregelung (ASR), Elektronische Getriebesteuerung (EGS) oder Fahrdynamikregelung mit dem Elektronischen Stabilitätsprogramm (ESP). Damit kann die Motorsteuerung in das Fahrzeug-Gesamtsystem integriert werden (z. B. Motormomentreduzierung beim Schalten des Automatikgetriebes, Anpassen des Motormoments an den Schlupf der Räder, Freigabe der Einspritzung durch die Wegfahrsperre usw.).

Das EDC-System ist vollständig in das Diagnosesystem des Fahrzeugs integriert. Es erfüllt alle Anforderungen der OBD (On-Board-Diagnose) und EOBD (European OBD).

Systemblöcke

Die Elektronische Dieselregelung (EDC) gliedert sich in drei Systemblöcke (Bild 1):

1. *Sensoren und Sollwertgeber* erfassen die Betriebsbedingungen (z. B. Motordrehzahl) und Sollwerte (z. B. Schalterstellung). Sie wandeln physikalische Größen in elektrische Signale um.

2. *Das Steuergerät* verarbeitet die Informationen der Sensoren und Sollwertgeber nach bestimmten mathematischen Rechenvorgängen (Steuer- und Regelalgorithmen). Es steuert die Stellglieder mit elektrischen Ausgangssignalen an. Ferner stellt das Steuergerät die Schnittstelle zu anderen Systemen und zur Fahrzeugdiagnose her.

3. *Stellglieder* (Aktoren) setzen die elektrischen Ausgangssignale des Steuergeräts in mechanische Größen um (z. B. das Magnetventil für die Einspritzung).

Datenverarbeitung

Die wesentliche Aufgabe der Elektronischen Dieselregelung (EDC) ist die Steuerung der Einspritzmenge und des Einspritzzeitpunkts. Das Speichereinspritzsystem Common Rail regelt auch noch den Einspritzdruck. Außerdem steuert das Motorsteuergerät bei allen Systemen verschiedene Stellglieder an. Die Funktionen der Elektronischen Dieselregelung müssen auf jedes Fahrzeug und jeden Motor genau angepasst sein. Nur so können alle Komponenten optimal zusammenwirken (Bild 2).

Das Steuergerät wertet die Signale der Sensoren aus und begrenzt sie auf zulässige Spannungspegel. Einige Eingangssignale werden außerdem plausibilisiert. Der Mikroprozessor berechnet aus diesen Eingangsdaten und aus gespeicherten Kennfeldern die Lage und die Dauer der Einspritzung und setzt diese in zeitliche Signalverläufe um, die an die Kolbenbewegung des Motors angepasst sind. Das Berechnungsprogramm wird „Steuergeräte-Software" genannt.

Wegen der geforderten Genauigkeit und der hohen Dynamik des Dieselmotors ist eine hohe Rechenleistung notwendig. Mit den Ausgangssignalen werden Endstufen angesteuert, die genügend Leistung für die Stellglieder liefern (z. B. Hochdruck-Magnetventile für die Einspritzung, Abgasrückführsteller und Ladedrucksteller). Außerdem werden noch weitere Komponenten mit Hilfsfunktionen angesteuert (z. B. Glührelais und Klimaanlage).

Diagnosefunktionen der Endstufen für die Magnetventile erkennen auch fehlerhafte Signalverläufe. Zusätzlich findet über die Schnittstellen ein Signalaustausch mit anderen Fahrzeugsystemen statt. Im Rahmen eines Sicherheitskonzepts überwacht das Motorsteuergerät auch das gesamte Einspritzsystem.

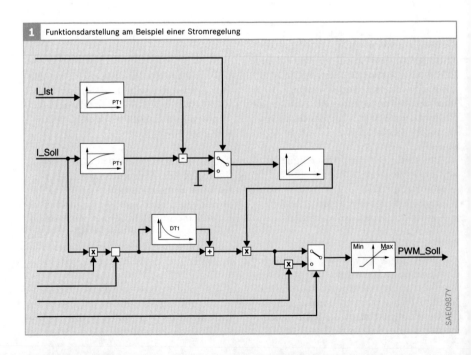

1   Funktionsdarstellung am Beispiel einer Stromregelung

2 Prinzipieller Ablauf der Elektronischen Dieselregelung

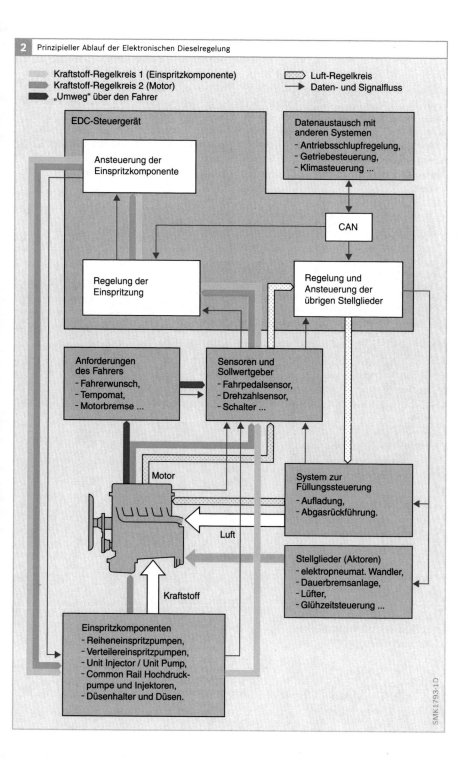

Kraftstoff-Regelkreis 1 (Einspritzkomponente)
Kraftstoff-Regelkreis 2 (Motor)
„Umweg" über den Fahrer

Luft-Regelkreis
Daten- und Signalfluss

EDC-Steuergerät

Ansteuerung der
Einspritzkomponente

Datenaustausch mit
anderen Systemen
- Antriebsschlupfregelung,
- Getriebesteuerung,
- Klimasteuerung ...

CAN

Regelung der
Einspritzung

Regelung und
Ansteuerung der
übrigen Stellglieder

Anforderungen
des Fahrers
- Fahrerwunsch,
- Tempomat,
- Motorbremse ...

Sensoren und
Sollwertgeber
- Fahrpedalsensor,
- Drehzahlsensor,
- Schalter ...

Motor

System zur
Füllungssteuerung
- Aufladung,
- Abgasrückführung.

Luft

Stellglieder (Aktoren)
- elektropneumat. Wandler,
- Dauerbremsanlage,
- Lüfter,
- Glühzeitsteuerung ...

Kraftstoff

Einspritzkomponenten
- Reiheneinspritzpumpen,
- Verteilereinspritzpumpen,
- Unit Injector / Unit Pump,
- Common Rail Hochdruck-
  pumpe und Injektoren,
- Düsenhalter und Düsen.

SMK1793-1D

Regelung der Einspritzung

Tabelle 1 gibt eine Funktionsübersicht der verschiedenen Regelfunktionen, die mit den EDC-Steuergeräten möglich sind. Bild 1 zeigt den Ablauf der Einspritzberechnung mit allen Funktionen. Einige Funktionen sind Sonderausstattungen. Sie können bei Nachrüstungen auch nachträglich vom Kundendienst im Steuergerät aktiviert werden.

Damit der Motor in jedem Betriebszustand mit optimaler Verbrennung arbeitet, wird die jeweils passende Einspritzmenge im Steuergerät berechnet. Dabei müssen verschiedene Größen berücksichtigt werden. Bei einigen magnetventilgesteuerten Verteilereinspritzpumpen erfolgt die Ansteuerung der Magnetventile für Einspritzmenge und Spritzbeginn über ein separates Pumpensteuergerät PSG.

1 Funktionsübersicht der EDC-Varianten für Kraftfahrzeuge

Einspritzsystem / **Funktion**	Reihenein-spritzpumpen PE	Kantengesteuerte Verteilereinspritzpumpen VE-EDC	Magnetventilgesteuerte Verteilereinspritzpumpen VE-M, VR-M	Unit Injector System UIS und Unit Pump System UPS	Common Rail System CR
Begrenzungsmenge	•	•	•	•	•
Externer Momenteneingriff	•³)	•	•	•	•
Fahrgeschwindigkeitsbegrenzung	•³)	•	•	•	•
Fahrgeschwindigkeitsregelung	•	•	•	•	•
Höhenkorrektur	•	•	•	•	•
Ladedruckregelung	•	•	•	•	•
Leerlaufregelung	•	•	•	•	•
Zwischendrehzahlregelung	•³)	•	•	•	•
Aktive Ruckeldämpfung	•²)	•	•	•	•
BIP-Regelung	–	–	•	•	–
Einlasskanalabschaltung	–	–	•	•²)	•
Elektronische Wegfahrsperre	•²)	•	•	•	•
Gesteuerte Voreinspritzung	–	–	•	•²)	•
Glühzeitsteuerung	•²)	•	•	•²)	•
Klimaabschaltung	•²)	•	•		•
Kühlmittelzusatzheizung	•²)	•	•	–	•
Laufruheregelung	•²)	•	•	•	•
Mengenausgleichsregelung	•²)	–	•	•	•
Lüfteransteuerung	–	•	•	•	•
Regelung der Abgasrückführung	•²)	•	•	•²)	•
Spritzbeginnregelung mit Sensor	•¹)³)	•	•	–	–
Zylinderabschaltung	–	–	•³)	•³)	•³)

Tabelle 1
¹) Nur Hubschieber-Reiheneinspritzpumpen
²) nur Pkw
³) nur Nkw

1 Berechnung der Einspritzung im Steuergerät

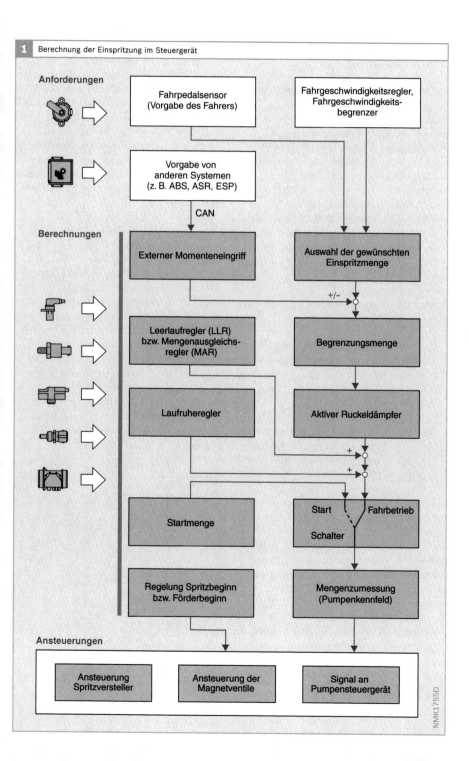

Regelung und Ansteuerung von Aktoren

Neben den Einspritzkomponenten werden von der EDC eine Vielzahl weiterer Stellglieder geregelt und angesteuert. Sie wirken z. B. auf die Füllungssteuerung, auf die Motorkühlung oder sie unterstützen das Startverhalten des Dieselmotors. Wie bei der Regelung der Einspritzung werden auch hier die Vorgaben von anderen Systemen (z. B. ASR) berücksichtigt.

Je nach Fahrzeugtyp, Einsatzgebiet und Einspritzsystem kommen verschiedene Stellglieder zur Anwendung. Einige Beispiele sind in diesem Abschnitt beschrieben.

Bei der Ansteuerung werden verschiedene Wege beschritten:
▶ Die Stellglieder werden direkt über eine Endstufe im Motorsteuergerät mit den entsprechenden Signalen angesteuert (z. B. Abgasrückführventil).
▶ Bei hohem Stromverbrauch steuert das Steuergerät ein Relais an (z. B. Lüfteransteuerung).
▶ Das Motorsteuergerät gibt Signale an ein unabhängiges Steuergerät, das dann die weiteren Stellglieder ansteuert oder regelt (z. B. Glühzeitsteuerung).

Die Integration aller Motorsteuerfunktionen im EDC-Steuergerät bietet den Vorteil, dass nicht nur Einspritzmenge und -zeitpunkt, sondern auch alle anderen Motorfunktionen wie z. B. die Abgasrückführung und die Ladedruckregelung im Motorregelkonzept berücksichtigt werden können. Dies führt zu einer wesentlichen Verbesserung der Motorregelung. Außerdem liegen im Motorsteuergerät bereits viele Informationen vor, die für andere Funktionen benötigt werden (z. B. Motortemperatur und Ansauglufttemperatur für die Glühzeitsteuerung).

Kühlmittelzusatzheizung

Leistungsfähige Dieselmotoren haben einen sehr hohen Wirkungsgrad. Die Abwärme des Motors reicht daher unter Umständen nicht mehr aus, den Fahrzeuginnenraum ausreichend aufzuheizen. Deshalb kann eine Kühlmittelzusatzheizung mit Glühkerzen eingesetzt werden. Sie wird je nach Kapazität des Generators in verschiedenen Stufen angesteuert. Das EDC-Motorsteuergerät regelt die Kühlmittelzusatzheizung.

Einlasskanalabschaltung

Bei der Einlasskanalabschaltung wird im unteren Motordrehzahlbereich und im Leerlauf ein Füllungskanal (Bild 1, Pos. 5) pro Zylinder mit einer Klappe (6) verschlossen, wenn durch einen elektropneumatischen Wandler ein Strom fließt. Die Frischluft wird dann nur über Drallkanäle (2) angesaugt. Dadurch entsteht im unteren Drehzahlbereich eine bessere Verwirbelung der Luft, was zu einer besseren Verbrennung führt. Im oberen Drehzahlbereich wird der Füllungsgrad durch die zusätzlich geöffneten Füllungskanäle erhöht und somit die Motorleistung verbessert.

1 Einlasskanalabschaltung

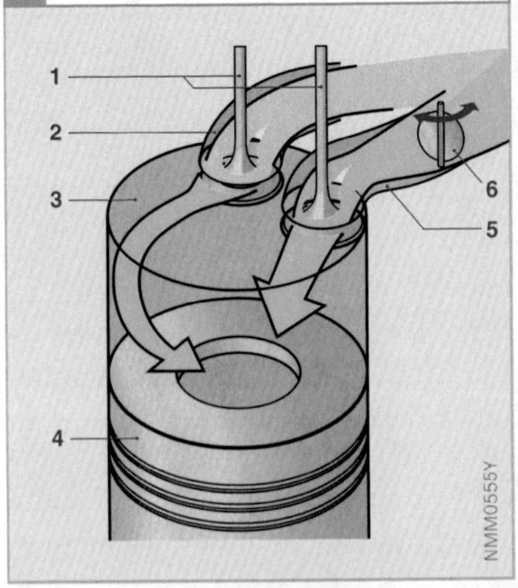

Bild 1
1 Einlassventil
2 Drallkanal
3 Zylinder
4 Kolben
5 Füllungskanal
6 Klappe

Ladedruckregelung

Die Ladedruckregelung (LDR) des Turboladers verbessert die Drehmomentcharakteristik im Volllastbetrieb und die Ladungswechsel im Teillastbetrieb. Der Sollwert für den Ladedruck hängt von der Drehzahl, der Einspritzmenge, der Kühlmittel- und der Lufttemperatur sowie dem Umgebungsluftdruck ab. Er wird mit dem Istwert des Ladedrucksensors verglichen. Bei einer Regelabweichung betätigt das Steuergerät den elektropneumatischen Wandler des Bypassventils oder der Leitschaufeln des Turboladers mit Variabler Turbinengeometrie (VTG).

Lüfteransteuerung

Oberhalb einer bestimmten Motortemperatur steuert das Motorsteuergerät das Lüfterrad des Motors an. Auch nach Motorstillstand wird es noch für eine bestimmte Zeit weiter betrieben. Diese Nachlaufzeit hängt von der aktuellen Kühlmitteltemperatur und dem Lastzustand des letzten Fahrzyklus ab.

Abgasrückführung

Zur Reduzierung der NO_X-Emission wird Abgas in den Ansaugtrakt des Motors geleitet. Dies geschieht über einen Kanal, dessen Querschnitt durch ein Abgasrückführventil verändert werden kann. Die Ansteuerung des Abgasrückführventils erfolgt entweder über einen elektropneumatischen Wandler oder über einen elektrischen Steller.

Aufgrund der hohen Temperatur und des Schmutzanteils im Abgas kann der rückgeführte Abgasstrom schlecht gemessen werden. Deshalb erfolgt die Regelung indirekt über einen Luftmassenmesser im Frischluftmassenstrom. Sein Messwert wird im Steuergerät mit dem theoretischen Luftbedarf des Motors verglichen. Dieser wird aus verschiedenen Kenndaten ermit-

telt (z. B. Motordrehzahl). Je niedriger die tatsächliche gemessene Frischluftmasse im Vergleich zum theoretischen Luftbedarf ist, umso höher ist der rückgeführte Abgasanteil.

Ersatzfunktionen

Sofern einzelne Eingangssignale ausfallen, fehlen dem Steuergerät wichtige Informationen für die Berechnungen. In diesem Fall erfolgt die Ansteuerung mithilfe von Ersatzfunktionen. Zwei Beispiele hierfür sind:

Beispiel 1: Die Kraftstofftemperatur wird zur Berechnung der Einspritzmenge benötigt. Fällt der Kraftstofftemperatursensor aus, rechnet das Steuergerät mit einem Ersatzwert. Dieser muss so gewählt sein, dass es nicht zu starker Rußbildung kommt. Dadurch kann bei defektem Kraftstofftemperatursensor die Leistung in einigen Betriebsbereichen abfallen.

Beispiel 2: Bei Ausfall des Nockenwellensensors zieht das Steuergerät das Signal des Kurbelwellensensors als Ersatzsignal heran. Je nach Fahrzeughersteller gibt es unterschiedliche Konzepte, mit denen über den Verlauf des Kurbelwellensignals ermittelt wird, wann Zylinder 1 im Verdichtungstakt ist. Als Folge dieser Ersatzfunktionen dauert der Neustart jedoch etwas länger.

Die verschiedenen Ersatzfunktionen können je nach Fahrzeughersteller unterschiedlich sein. Deshalb sind viele fahrzeugspezifische Funktionen möglich.

Alle Störungen werden über die Diagnosefunktion abgespeichert und können in der Werkstatt ausgelesen werden.

Starthilfesysteme

Warme Vor- und Wirbelkammer-Diesel-motoren und Direkteinspritzmotoren (DI) starten bei niedrigen Außentemperaturen bis ≥ 0 °C spontan. Hier wird die Selbstentzündungstemperatur für Dieselkraftstoff von 250 °C beim Start mit der Anlassdrehzahl erreicht. Kalte Vor- und Wirbelkammermotoren benötigen bei Umgebungstemperaturen < 40 °C bzw. < 20 °C eine Starthilfe, DI-Motoren erst unterhalb 0 °C.

Glühsysteme

Für Pkw und leichte Nutzfahrzeuge werden Glühsysteme eingesetzt. Glühsysteme bestehen im Wesentlichen aus Glühstiftkerzen (GLP), dem Glühzeitsteuergerät und einer Glühsoftware in der Motorsteuerung. Bei konventionellen Glühsystemen werden Glühstiftkerzen mit einer Nennspannung von 11 V verwendet, die mit Bordnetzspannung angesteuert werden. Neue Niederspannungs-Glühsysteme erfordern Glühstiftkerzen mit Nennspannungen unterhalb 11 V, deren Heizleistung über ein elektronisches Glühzeitsteuergerät (GZS) an die Anforderung des Motors angepasst wird.

Bei Vor- und Wirbelkammermotoren (IDI) ragen die Glühstiftkerzen in den Nebenbrennraum, bei DI-Motoren in den Brennraum des Motorzylinders. Das Luft-Kraftstoff-Gemisch wird an der heißen

Spitze der Glühstiftkerze vorbeigeführt und erwärmt sich dabei. Verbunden mit der Ansauglufterwärmung während des Verdichtungstaktes wird die Entflammungstemperatur erreicht.

Für Dieselmotoren mit einem Hubvolumen von mehr als 1 l/Zylinder (Nkw) werden im Normalfall keine Glühsysteme, sondern Flammstartanlagen eingesetzt.

Glühphasen
▶ Vorglühen: die GLP wird auf Betriebstemperatur erhitzt.
▶ Bereitschaftsglühen: das Glühsystem hält eine zum Start erforderliche GLP-Temperatur für eine definierte Zeit vor.
▶ Startglühen: wird während des Motorhochlaufs angewendet.
▶ Nachglühphase: beginnt nach dem Starterabwurf.
▶ Zwischenglühen: nach Motorabkühlung durch Schubbetrieb oder zur Unterstützung der Partikelfilterregeneration.

Konventionelles Glühsystem
Konventionelle Glühsysteme bestehen aus einer Metall-GLP mit 11 V Nennspannung, einem Relais-GZS und einem in das Motorsteuergerät integrierten Softwaremodul für die Glühfunktion.

Die Glühsoftware in der EDC (Elektronische Dieselregelung) startet und beendet den Glühvorgang in Abhängigkeit von der

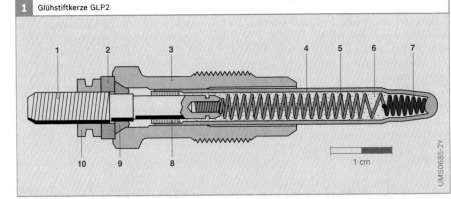

1 Glühstiftkerze GLP2

Bild 1
1 Anschlussstecker
2 Isolierscheibe
3 Gehäuse
4 Glührohr
5 Regelwendel
6 Magnesiumoxid-pulver
7 Heizwendel
8 Heizkörperdichtung
9 Doppeldichtung
10 Randmutter

1 cm

UMS0685-2Y

Betätigung des Glühstartschalters und in der Software abgelegten Parametern. Das GZS steuert nach den Vorgaben der EDC die Glühstiftkerzen während der Glühphasen Vor-, Bereitschafts-, Start- und Nachglühen mit Bordnetzspannung über ein Relais an. Die Nennspannung der Glühstiftkerzen beträgt 11 V. Damit ist die Heizleistung von der aktuellen Bordnetzspannung und dem temperaturabhängigen Widerstand (PTC) der GLP abhängig. Es ergibt sich dadurch ein Selbstregelverhalten der GLP. In Verbindung mit einer motorlastabhängigen Abschaltfunktion in der Glühsoftware der Motorsteuerung kann eine Temperaturüberlastung der GLP sicher vermieden werden.

Duraterm-Glühstiftkerze
Aufbau und Eigenschaften
Der Glühstift (Bild 1) besteht aus einem Rohrheizkörper, der in das Gehäuse (3) gasdicht eingepresst ist. Der Rohrheizkörper besteht aus einem heißgas- und korrosionsbeständigen Glührohr (4), das im Innern eine in verdichtetem Magnesiumoxidpulver (6) eingebettete Glühwendel trägt. Diese Glühwendel setzt sich aus zwei in Reihe geschalteten Widerständen zusammen: aus der in der Glührohrspitze untergebrachten Heizwendel (7) und der Regelwendel (5).
Während die Heizwendel einen von der Temperatur unabhängigen elektrischen

Widerstand hat, weist die Regelwendel einen positiven Temperaturkoeffizienten (PTC) auf. Ihr Widerstand erhöht sich bei Glühstiftkerzen der Generation GLP2 mit zunehmender Temperatur noch stärker als bei den älteren Glühstiftkerzen vom Typ S-RSK. Daraus ergibt sich für die GLP2 ein schnelleres Erreichen der zur Zündung des Dieselkraftstoffs benötigten Temperatur an der Glühstiftkerze (850 °C in 4 s) und eine niedrigere Beharrungstemperatur. Die Temperatur wird damit auf für die Glühstiftkerze unkritische Werte begrenzt. Deshalb kann sie nach dem Start noch bis zu drei Minuten weiter betrieben werden. Dieses Nachglühen bewirkt einen verbesserten Kaltleerlauf mit deutlich verringerten Geräusch- und Abgasemissionen.
Die Heizwendel ist zur Kontaktierung masseseitig in die Kuppe des Glührohrs eingeschweißt. Die Regelwendel ist am Anschlussbolzen kontaktiert, über den der Anschluss an das Bordnetz erfolgt.

Funktion
Beim Anlegen der Spannung an die Glühstiftkerze wird zunächst der größte Teil der elektrischen Energie in der Heizwendel in Wärme umgesetzt; die Temperatur an der Spitze der Glühstiftkerze steigt damit steil an. Die Temperatur der Regelwendel – und damit auch der Widerstand – erhöhen sich zeitlich verzögert. Die Stromaufnahme und somit die Gesamtheizleistung der Glühstiftkerze verringert sich und die Temperatur nähert sich dem Beharrungszustand (Bild 2).

Niederspannungs-Glühsystem
Das Niederspannungs-Glühsystem enthält
▶ keramische DuraSpeed-Glühstiftkerzen oder HighSpeed Metall-Glühstiftkerzen in Niederspannungsauslegung < 11 V,
▶ ein elektronisches Glühzeitsteuergerät und
▶ ein in das Motorsteuergerät integriertes Softwaremodul für die Glühfunktion.

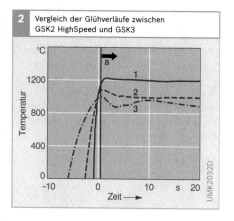

2 Vergleich der Glühverläufe zwischen GSK2 HighSpeed und GSK3

Temperatur / °C
1200
800
400
0
Zeit / s   -10   0   10   s   20

a

1
2
3

UMK2032D

Bild 2
a ab $t=0$ s wird mit Strömungsgeschwindigkeit 11 m/s angeblasen

1 DuraSpeed-GLP (7 V)
2 HighSpeed Metall-GLP (5 V)
3 Metall-GLP (11 V)

Um beim Vorglühen die für den Motorstart erforderliche Glühtemperatur möglichst schnell zu erreichen, werden die Glühstiftkerzen in dieser Phase kurzzeitig mit der Push-Spannung, die oberhalb der GLP-Nennspannung liegt, betrieben. Während des Startbereitschaftsglühens wird die Ansteuerspannung auf die GLP-Nennspannung abgesenkt.

Beim Startglühen wird die Ansteuerspannung wieder angehoben, um die Abkühlung der Glühstiftkerze durch die kalte Ansaugluft auszugleichen. Dies ist auch im Nach- und Zwischenglühbereich möglich. Die erforderliche Spannung wird einem Kennfeld entnommen, das an den jeweiligen Motor angepasst wird. Das Kennfeld enthält die Parameter Drehzahl, Einspritzmenge, Zeit nach Starterabwurf und Kühlwassertemperatur.

Die kennfeldgestützte Ansteuerung verhindert sicher eine thermische Überlastung der GLP in allen Motorbetriebszuständen. Die in der EDC implementierte Glühfunktion beinhaltet einen Überhitzungsschutz bei Wiederholglühen.

Diese Glühsysteme ermöglichen bei Verwendung von HighSpeed Metall-GLP einen Schnellstart und bei Verwendung von DuraSpeed-GLP einen Sofortstart ähnlich wie beim Ottomotor bis zu −28 °C.

HighSpeed Metall-GLP

Der prinzipielle Aufbau und die Funktionsweise der HighSpeed-GLP entsprechen der Duraterm. Die Heiz- und Regelwendel sind hier auf eine geringere Nennspannung und große Aufheizgeschwindigkeit ausgelegt.

Die schlanke Bauform ist auf den beschränkten Bauraum bei Vierventilmotoren abgestimmt. Der Glühstift (Ø 4/3,3 mm) hat im vorderen Bereich eine Verjüngung, um die Heizwendel näher an das Glührohr heranzubringen. Dies ermöglicht mit dem Push-Betrieb Aufheizgeschwindigkeiten von bis zu 1000 °C/3 s. Die maximale Glühtemperatur liegt bei über 1000 °C. Die Temperatur während des Startbereitschaftsglühens und im Nachglühbetrieb beträgt ca. 980 °C. Diese Funktionseigenschaften sind an die Anforderungen von Dieselmotoren mit einem Verdichtungsverhältnis von $\varepsilon \geq 18$ angepasst.

DuraSpeed-Glühstiftkerze

DuraSpeed-Glühstiftkerzen haben Glühstifte aus einem neuartigen, hoch temperaturbeständigen Material. Sie erlauben aufgrund ihrer sehr hohen Oxidations- und Thermoschockbeständigkeit einen Sofortstart sowie minutenlanges Nach- und Zwischenglühen bei 1300 °C.

Emissionsreduzierung bei Dieselmotoren mit niedrigem Verdichtungsverhältnis

Durch das Absenken des Verdichtungsverhältnisses bei modernen Dieselmotoren von $\varepsilon = 18$ auf $\varepsilon = 16$ ist eine Reduktion der NO_X- und Rußemissionen bei gleichzeitiger Steigerung der spezifischen Leistung möglich. Das Kaltstart- und Kaltleerlaufverhalten ist bei diesen Motoren jedoch problematisch. Um beim Kaltstart und Kaltleerlauf dieser Motoren minimale Abgastrübungswerte und eine hohe Laufruhe zu erreichen, sind Temperaturen an der Glühstiftkerze von über 1150 °C erforderlich – für konventionelle Motoren sind 850 °C ausreichend. Während der Kaltlaufphase lassen sich diese niedrigen Emissionswerte – Blaurauch- und Rußemissionen – nur durch minutenlanges Nachglühen aufrechterhalten. Im Vergleich zu Standard-Glühsystemen werden mit dem Keramik-Glühsystem von Bosch die Abgastrübungswerte um bis zu 60 % reduziert.

Die Welt der Dieseleinspritzung ist eine Welt der Superlative.

Auf mehr als 1 Milliarde Öffnungs- und Schließhübe kommt eine Düsennadel eines Nkw-Motors in ihrem „Einspritzleben". Sie dichtet bis zu 2200 bar sicher ab und muss dabei einiges aushalten:
▶ sie schluckt die Stöße des schnellen Öffnens und Schließens (beim Pkw geschieht dies bis zu 10000-mal pro Minute bei Vor- und Nacheinspritzungen),
▶ sie widersteht den hohen Strömungsbelastungen beim Einspritzen und
▶ sie hält dem Druck und der Temperatur im Brennraum stand.

Was moderne Einspritzdüsen leisten, zeigen folgende Vergleiche:
▶ In der Einspritzkammer herrscht ein Druck von bis zu 2200 bar. Dieser Druck entsteht, wenn Sie einen Oberklassewagen auf einen Fingernagel stellen würden.

▶ Die Einspritzdauer beträgt 1...2 Millisekunden (ms). In einer Millisekunde kommt eine Schallwelle aus einem Lautsprecher nur ca. 33 cm weit.
▶ Die Einspritzmengen variieren beim Pkw zwischen 1 mm^3 (Voreinspritzung) und 50 mm^3 (Volllastmenge); beim Nkw zwischen 3 mm^3 (Voreinspritzung) und 350 mm^3 (Volllastmenge). 1 mm^3 entspricht dem Volumen eines halben Stecknadelkopfs. 350 mm^3 ergeben die Menge von 12 großen Regentropfen (30 mm^3 je Tropfen). Diese Menge wird innerhalb von 2 ms mit 2000 km/h durch eine Öffnung mit weniger als 0,25 mm^2 Querschnitt gedrückt!
▶ Das Führungsspiel der Düsennadel beträgt 0,002 mm (2 μm). Ein menschliches Haar ist 30-mal so dick (0,06 mm).

Die Erfüllung all dieser Höchstleistungen erfordert ein sehr großes Know-how in Entwicklung, Werkstoffkunde, Fertigung und Messtechnik.

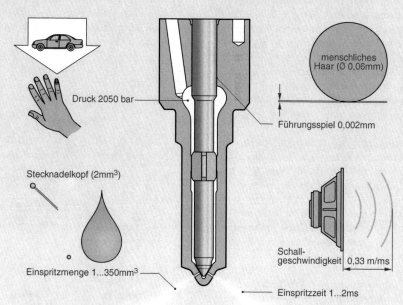

Druck 2050 bar

Stecknadelkopf (2mm^3)

Einspritzmenge 1...350mm^3

menschliches Haar (∅ 0,06mm)

Führungsspiel 0,002mm

Schallgeschwindigkeit | 0,33 m/ms

Einspritzzeit 1...2ms

NMK1708-2D

Einspritzdüsen

Die Einspritzdüse spritzt den Kraftstoff in den Brennraum des Dieselmotors ein. Sie beeinflusst wesentlich die Gemischbildung und die Verbrennung und somit die Motorleistung, das Abgas- und das Geräuschverhalten. Damit die Einspritzdüsen ihre Aufgaben optimal erfüllen, müssen sie durch unterschiedliche Ausführungen abhängig vom Einspritzsystem an den Motor angepasst werden.

Die Einspritzdüse (im Folgenden kurz „Düse" genannt) ist ein zentrales Element des Einspritzsystems, das viel technisches „Know-how" erfordert. Die Düse hat maßgeblichen Anteil an:

▶ der Formung des Einspritzverlaufs (genauer Druckverlauf und Mengenverteilung je Grad Kurbelwellenwinkel),
▶ der optimalen Zerstäubung und Verteilung des Kraftstoffs im Brennraum und
▶ dem Abdichten des Kraftstoffsystems gegen den Brennraum.

Die Düse unterliegt wegen ihrer exponierten Lage im Brennraum ständig pulsierenden mechanischen und thermischen Belastungen durch Motor und Einspritzsystem. Der durchströmende Kraftstoff muss die Düse kühlen. Im Schubbetrieb, bei dem nicht eingespritzt wird, steigen die Temperaturen an der Düse stark an. Ihre Temperaturbeständigkeit muss deshalb für diesen Betriebspunkt ausgelegt sein.

Bei den Einspritzsystemen mit Reiheneinspritzpumpen (PE), Verteilereinspritzpumpen (VE/VR) und Unit Pump (UP) sind die Düsen mit Düsenhaltern im Motor eingebaut (Bild 1). Bei den Hochdruckeinspritzsystemen Common Rail (CR) und Unit Injector (UI) ist die Düse im Injektor integriert. Ein Düsenhalter ist bei diesen Systemen nicht erforderlich.

Für Kammermotoren (IDI) werden Zapfendüsen und bei Direkteinspritzern (DI) Lochdüsen eingesetzt.

Der Kraftstoffdruck öffnet die Düse. Düsenöffnungen, Einspritzdauer und Einspritzverlauf bestimmen im Wesentlichen die Einspritzmenge. Sinkt der Druck, muss die Düse schnell und sicher schließen. Der Schließdruck liegt um mindestens 40 bar über dem maximalen Verbrennungsdruck, um ungewolltes Nachspritzen oder das Eindringen von Verbrennungsgasen zu verhindern.

Die Düse muss auf die verschiedenen Motorverhältnisse abgestimmt sein:

▶ Verbrennungsverfahren (DI oder IDI),
▶ Geometrie des Brennraums,
▶ Einspritzstrahlform und Strahlrichtung,
▶ „Durchschlagskraft" und Zerstäubung des Kraftstoffstrahls,
▶ Einspritzdauer und
▶ Einspritzmenge je Grad Kurbelwellenwinkel.

Standardisierte Abmessungen und Baugruppen gestatten die erforderliche Flexibilität mit einem Minimum an Einzelteilvarianten. Neue Motoren werden aufgrund der besseren Leistung bei niedrigerem Kraftstoffverbrauch nur noch mit Direkteinspritzung (d. h. mit Lochdüsen) entwickelt.

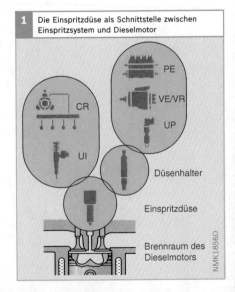

1   Die Einspritzdüse als Schnittstelle zwischen Einspritzsystem und Dieselmotor

PE

VE/VR

CR

UP

UI

Düsenhalter

Einspritzdüse

Brennraum des Dieselmotors

NMK1856D

▶ Dieseleinspritzung ist Präzisionstechnik

Bei Dieselmotoren denken viele Laien eher an groben Maschinenbau als an Präzisionsmechanik. Moderne Komponenten der Dieseleinspritzung bestehen jedoch aus hoch präzisen Teilen, die extremen Belastungen ausgesetzt sind.

Die Einspritzdüse ist die Schnittstelle zwischen dem Einspritzsystem und dem Motor. Sie muss über die gesamte Lebensdauer des Motors exakt öffnen und schließen. Im geschlossenen Zustand dürfen keine Lecks entstehen. Dies würde den Kraftstoffverbrauch erhöhen, die Abgasemissionen verschlechtern oder sogar zu Motorschäden führen.

Damit die Düsen bei den hohen Drücken der modernen Einspritzsysteme VR (VP44), CR, UPS und UIS (bis zu 2200 bar) sicher abdichten, müssen sie speziell konstruiert und sehr genau gefertigt sein. Hier einige Beispiele:

▶ Damit die Dichtfläche des Düsenkörpers (1) sicher abdichtet, hat sie eine maximale Formabweichung von 0,001 mm (1 µm). Das heißt, sie muss auf ca. 4000 Metallatomlagen genau gefertigt werden!

▶ Das Führungsspiel zwischen Düsennadel und Düsenkörper (2) beträgt 0,002...0,004 mm (2...4 µm). Die Formabweichungen sind durch Feinstbearbeitung ebenfalls kleiner als 0,001 mm (1 µm).

Die feinen Spritzlöcher (3) der Düsen werden bei der Herstellung erodiert (elektroerosives Bohren). Beim Erodieren verdampft das Metall durch die hohe Temperatur bei der Funkenentladung zwischen einer Elektrode und dem Werkstück. Mit präzise gefertigten Elektroden und exakter Einstellung der Parameter können sehr genaue Bohrungen mit Durchmessern von 0,12 mm hergestellt werden. Der kleinste Durchmesser der Einspritzlöcher ist damit nur doppelt so groß wie der eines menschlichen Haars (0,06 mm). Um ein besseres Einspritzver-

halten zu erreichen, werden die Einlaufkanten der Einspritzlöcher durch Strömungsschleifen mit einer speziellen Flüssigkeit verrundet (hydroerosive Bearbeitung).

Die winzigen Toleranzen erfordern spezielle, hochgenaue Messverfahren wie zum Beispiel:

▶ die optische 3-D-Koordinatenmessmaschine zum Vermessen der Einspritzlöcher oder

▶ die Laserinterferometrie zum Messen der Ebenheit der Düsendichtfläche.

Die Fertigung der Komponenten zur Dieseleinspritzung ist also „Hightech" in Großserie.

▼ Hier kommt es auf Präzision an

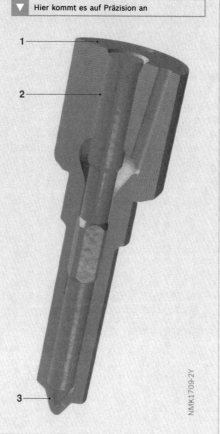

1

2

3

NMK1709-2Y

1 Dichtfläche des Düsenkörpers
2 Führungsspiel zwischen Düsennadel und Düsenkörper
3 Spritzloch

Lochdüsen

Anwendung

Lochdüsen werden für Motoren verwendet, die nach dem Direkteinspritzverfahren arbeiten (Direct Injection, DI). Die Einbauposition ist meist durch die Motorkonstruktion vorgegeben. Die unter verschiedenen Winkeln angebrachten Spritzlöcher müssen passend zum Brennraum ausgerichtet sein (Bild 1). Lochdüsen werden unterteilt in
▸ Sacklochdüsen und
▸ Sitzlochdüsen.

Außerdem unterscheiden sich Lochdüsen in ihrer Baugröße nach:
▸ Typ P mit einem Nadeldurchmesser von 4 mm (Sack- und Sitzlochdüsen) oder
▸ Typ S mit einem Nadeldurchmesser von 5 und 6 mm (Sacklochdüsen für Großmotoren).

Bei den Einspritzsystemen Unit Injector (UI) und Common Rail (CR) sind die Lochdüsen in die Injektoren integriert. Diese übernehmen damit die Funktion des Düsenhalters.
    Der Öffnungsdruck der Lochdüsen liegt zwischen 150...350 bar.

Aufbau

Die Spritzlöcher (Bild 2, Pos. 6) liegen auf dem Mantel der Düsenkuppe (7). Anzahl und Durchmesser sind abhängig von
▸ der benötigten Einspritzmenge,
▸ der Brennraumform und
▸ dem Luftwirbel (Drall) im Brennraum.

Der Durchmesser der Einspritzlöcher ist innen etwas größer als außen. Dieser Unterschied ist über den k-Faktor definiert. Die Einlaufkanten der Spritzlöcher können durch hydroerosive (HE-)Bearbeitung verrundet sein. An Stellen, an denen hohe Strömungsgeschwindigkeiten auftreten (Spritzlocheinlauf), runden die im HE-Medium enthaltenen abrasiven (materialabtragenden) Partikel die Kanten ab. Die HE-Bearbeitung kann sowohl für Sackloch- als auch für Sitzlochdüsen angewandt werden. Ziel dabei ist es,
▸ den Strömungsbeiwert zu optimieren,
▸ den Kantenverschleiß, den abrasive Partikel im Kraftstoff verursachen, vorwegzunehmen und/oder
▸ die Durchflusstoleranz einzuengen.

Die Düsen müssen sorgfältig auf die gegebenen Motorverhältnisse abgestimmt sein. Die Düsenauslegung ist mitentscheidend für
▸ das dosierte Einspritzen (Einspritzdauer und Einspritzmenge je Grad Kurbelwellenwinkel),
▸ das Aufbereiten des Kraftstoffs (Strahlanzahl, Strahlform und Zerstäuben des Kraftstoffstrahls),
▸ die Verteilung des Kraftstoffs im Brennraum sowie
▸ das Abdichten gegen den Brennraum.

Die Druckkammer (10) wird durch elektrochemische Metallbearbeitung (ECM) eingebracht. Dabei wird in den gebohrten Düsenkörper eine Elektrode eingeführt, die von einer Elektrolytlösung durchspült wird. Am elektrisch positiv geladenen Düsenkörper wird Material abgetragen (anodische Auflösung).

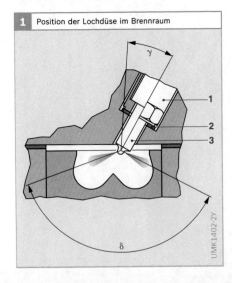

1 Position der Lochdüse im Brennraum

γ

1
2
3

δ

UMK1402-2Y

Bild 1
1 Düsenhalter oder Injektor
2 Dichtscheibe
3 Lochdüse

γ Neigung
δ Spritzkegelwinkel

Ausführungen

Der Kraftstoff im Volumen unterhalb des Nadelsitzes der Düsennadel verdampft nach der Verbrennung und trägt damit wesentlich zu den Kohlenwasserstoff-Emissionen des Motors bei. Daher ist es wichtig, dieses Volumen (Rest- oder Schadvolumen) so klein wie möglich zu halten.

Außerdem hat die Geometrie des Nadelsitzes und die Kuppenform entscheidenden Einfluss auf das Öffnungs- und Schließverhalten der Düse. Dies hat Einfluss auf die Ruß und NO_X-Emissionen des Motors.

Die Berücksichtigung dieser Faktoren haben – je nach Anforderungen des Motors und des Einspritzsystems – zu unterschiedlichen Düsenausführungen geführt.

Grundsätzlich gibt es zwei Ausführungen:
▶ Sacklochdüsen und
▶ Sitzlochdüsen.

Bei den Sacklochdüsen werden unterschiedliche Varianten eingesetzt.

Sacklochdüse

Die Spritzlöcher der Sacklochdüse (Bild 2, Pos. 6) sind um ein Sackloch angeordnet.

Bei einer runden Kuppe werden die Spritzlöcher je nach Auslegung mechanisch oder durch elektrischen Teilchenabtrag (elektroerosiv) gebohrt. Sacklochdüsen mit konischer Kuppe sind generell elektroerosiv gebohrt. Sacklochdüsen gibt es mit zylindrischem und mit konischem Sackloch in verschiedenen Abmessungen.

Die Sacklochdüse mit zylindrischem Sackloch und runder Kuppe (Bild 3), die aus einem zylindrischen und einem halbkugelförmigen Teil besteht, hat eine hohe Auslegungsfreiheit bezüglich Lochzahl, Lochlänge und Spritzlochkegelwinkel. Die Düsenkuppe hat die Form einer Halbkugel und gewährleistet damit – zusammen mit der Sacklochform – eine gleichmäßige Lochlänge.

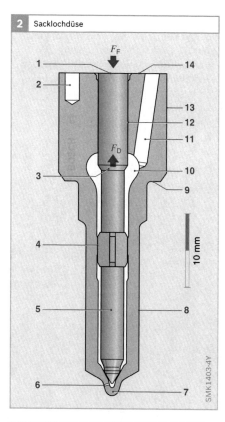

2 Sacklochdüse

F_F

F_D

10 mm

SMK1403-4Y

Bild 2
1 Hubanschlagfläche
2 Fixierbohrung
3 Druckschulter
4 doppelte Nadelführung
5 Nadelschaft
6 Spritzloch
7 Düsenkuppe
8 Düsenkörperschaft
9 Düsenkörperschulter
10 Druckkammer
11 Zulaufbohrung
12 Nadelführung
13 Düsenkörperbund
14 Dichtfläche

F_F Federkraft
F_D durch den Kraftstoffdruck resultierende Kraft an der Druckschulter

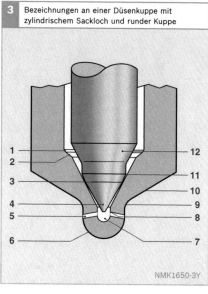

3 Bezeichnungen an einer Düsenkuppe mit zylindrischem Sackloch und runder Kuppe

NMK1650-3Y

Bild 3
1 Absetzkante
2 Sitzeinlauf
3 Nadelsitz
4 Nadelspitze
5 Spritzloch
6 runde Kuppe
7 zylindrisches Sackloch (Restvolumen)
8 Spritzlocheinlauf
9 Kehlradius
10 Düsenkuppenkegel
11 Düsenkörpersitz
12 Dämpfungskegel

Die Sacklochdüse mit zylindrischem Sackloch und konischer Kuppe (Bild 4a) gibt es nur für Lochlängen von 0,6 mm. Die konische Kuppenform erhöht die Kuppenfestigkeit durch eine größere Wanddicke zwischen Kehlenradius (3) und Düsenkörpersitz (4).

4 Düsenkuppen

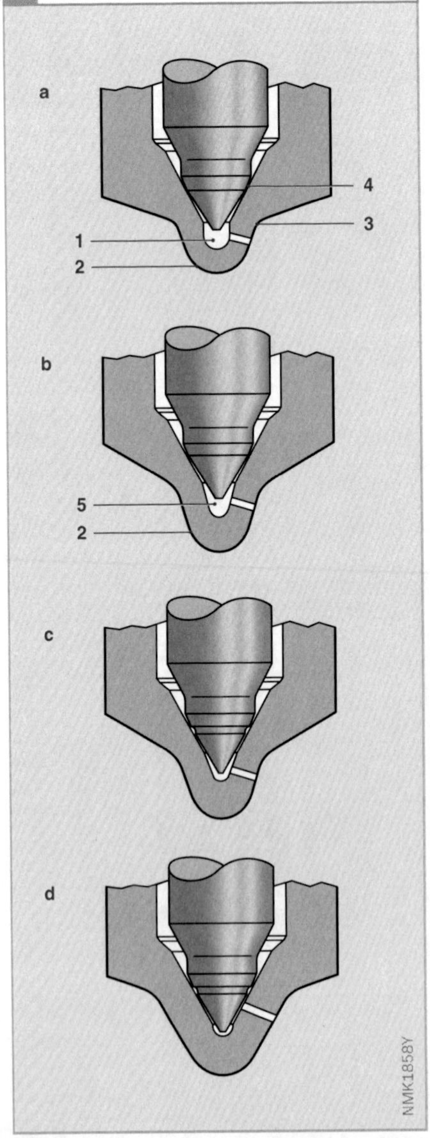

Die Sacklochdüse mit konischem Sackloch und konischer Kuppe (Bild 4b) hat ein geringeres Restvolumen als eine Düse mit zylindrischem Sackloch. Sie liegt mit ihrem Sacklochvolumen zwischen Sitzlochdüse und Sacklochdüse mit zylindrischem Sackloch. Um eine gleichmäßige Wanddicke der Kuppe zu erhalten, ist die Kuppe entsprechend dem Sackloch konisch ausgeführt.

Eine Weiterentwicklung der Sacklochdüse ist die Mikrosacklochdüse (Bild 4c). Ihr Sacklochvolumen ist um ca. 30 % gegenüber einer herkömmlichen Sacklochdüse reduziert. Diese Düse eignet sich besonders für Common Rail Systeme, die mit relativ langsamem Nadelhub und damit mit einer vergleichsweise langen Sitzdrosselung beim Öffnen arbeiten. Die Mikrosacklochdüse stellt für die Common Rail Systeme derzeit den besten Kompromiss zwischen einem geringen Restvolumen und einer gleichmäßigen Strahlverteilung beim Öffnen dar.

Sitzlochdüse
Um das Restvolumen – und damit die HC-Emission – zu minimieren, liegt der Spritzlochanfang im Düsenkörpersitz. Bei geschlossener Düse deckt die Düsennadel den Spritzlochanfang weitgehend ab, sodass keine direkte Verbindung zwischen Sackloch und Brennraum besteht (Bild 4d). Das Sacklochvolumen ist gegenüber der Sacklochdüse stark reduziert. Sitzlochdüsen haben gegenüber Sacklochdüsen eine deutlich geringere Belastungsgrenze und können deshalb nur mit einer Lochlänge von 1 mm ausgeführt werden. Die Kuppenform ist konisch ausgeführt. Die Spritzlöcher sind generell elektroerosiv gebohrt.

Besondere Spritzlochgeometrien, eine doppelte Nadelführung oder komplexe Nadelspitzengeometrien verbessern die Strahlverteilung und somit die Gemischbildung bei Sack- und Sitzlochdüsen noch weiter.

Bild 4
a Zylindrisches Sackloch und konische Kuppe
b konisches Sackloch und konische Kuppe
c Mikrosackloch
d Sitzlochdüse

1 Zylindrisches Sackloch
2 konische Kuppe
3 Kehlradius
4 Düsenkörpersitz
5 konisches Sackloch

Wärmeschutz

Bei Lochdüsen liegt die obere Temperatur-
grenze bei 300 °C (Wärmefestigkeit des
Materials). Für besonders schwierige An-
wendungsfälle stehen Wärmeschutzhülsen
oder für größere Motoren sogar gekühlte
Einspritzdüsen zur Verfügung.

Einfluss auf die Emissionen

Die Düsengeometrie hat direkten Einfluss
auf die Schadstoffemissionen des Motors:
▶ Die Spritzlochgeometrie (Bild 5, Pos. 1)
  beeinflusst die Partikel- und NO_X-Emis-
  sionen.
▶ Die Sitzgeometrie (2) beeinflusst durch
  ihre Wirkung auf die Pilotmenge – d. h.
  die Menge zu Beginn der Einspritzung –
  das Motorgeräusch. Ziel bei der Optimie-
  rung der Spritzloch- und Sitzgeometrie
  ist es, ein robustes Design mit einem pro-
  zessfähigen Fertigungsablauf in kleinst-
  möglichen Toleranzen zu erreichen.
▶ Die Sacklochgeometrie (3) beeinflusst
  wie bereits zuvor erwähnt die HC-Emissionen. Aus einem „Düsenbaukasten"
  kann der Konstrukteur die fahrzeugspezifische Optimalvariante auswählen.

Daher ist es wichtig, dass die Düsen genau
an das Fahrzeug, den Motor und das Einspritzsystem angepasst sind. Im Servicefall
dürfen nur Original-Ersatzteile verwendet
werden, um die Leistung und die Schadstoffemissionen des Motors nicht zu verschlechtern.

Strahlformen

Grundsätzlich ist der Einspritzstrahl für
Pkw-Motoren lang und schmal, da diese
Motoren einen starken Drall im Brennraum erzeugen. Bei Nkw-Motoren ist sehr
wenig Drall vorhanden. Deshalb ist der
Strahl kurz und bauchig. Die Einspritzstrahlen dürfen auch bei großem Drall nie
gegenseitig aufeinander treffen, sonst
würde der Kraftstoff in die Bereiche eingespritzt, in denen bereits eine Verbrennung
stattgefunden hat und somit Luftmangel

herrscht. Dies würde zu starker Rußent-
wicklung führen.
   Lochdüsen haben bis zu sechs (Pkw)
bzw. zehn Löcher (Nkw). Ziel für zukünftige Entwicklungen ist es, die Zahl der
Spritzlöcher noch weiter zu erhöhen und
ihren Durchmesser zu verringern (< 0,12
mm), um eine noch feinere Verteilung des
Kraftstoffs zu erreichen.

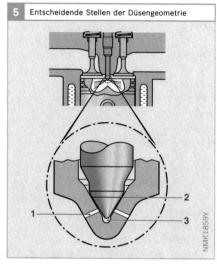

5 Entscheidende Stellen der Düsengeometrie

NMK1859Y

Bild 5
1 Spritzloch-
  geometrie
2 Sitzgeometrie
3 Sacklochgeometrie

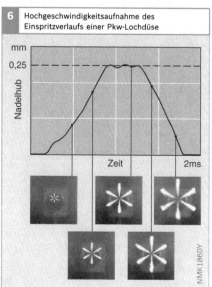

6 Hochgeschwindigkeitsaufnahme des
Einspritzverlaufs einer Pkw-Lochdüse

mm
0,25

Nadelhub

Zeit   2ms

NMK1860Y

Düsenhalter

Düsenhalter bilden zusammen mit den dazugehörigen Einspritzdüsen die Düsenhalterkombination (DHK). Für jeden Motorzylinder ist je eineDüsenhalterkombination im Zylinderkopf eingebaut (Bild 1). Sie sind ein wichtiger Bestandteil des Einspritzsystems und beeinflussen die Motorleistung, das Abgas- und das Geräuschverhalten wesentlich. Damit sie ihre Aufgaben optimal erfüllen, müssen sie durch unterschiedliche Ausführungen an den Motor angepasst sein.

Übersicht

Die Einspritzdüse (4) im Düsenhalter spritzt den Kraftstoff in den Brennraum (6) des Dieselmotors ein. Der Düsenhalter enthält folgende wesentliche Elemente:

▸ *Druckfeder(n)* (9):
   Sie stützen sich auf die Düsennadel und schließen so die Einspritzdüse.
▸ *Düsenspannmutter* (8):
   Sie hält und zentriert die Einspritzdüse.
▸ *Filter* (11):
   Es hält Verunreinigungen zurück.
▸ *Anschlüsse* für Kraftstoffzu- und -rücklauf bilden über den *Druckkanal* (10) die Verbindung zu den Kraftstoffleitungen.

Daneben enthält der Düsenhalter je nach Ausführung Dichtungen und Distanzscheiben. Standardisierte Abmessungen und Baugruppen gestatten die erforderliche Flexibilität mit einem Minimum an Einzelteilvarianten.

Bild 1
1 Kraftstoffzulauf
2 Haltekörper
3 Kraftstoffrücklauf
4 Einspritzdüse
5 Dichtscheibe
6 Brennraum des Dieselmotors
7 Zylinderkopf
8 Düsenspannmutter
9 Druckfeder
10 Druckkanal
11 Filter

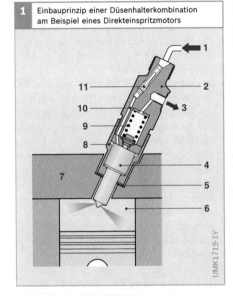

1 Einbauprinzip einer Düsenhalterkombination am Beispiel eines Direkteinspritzmotors

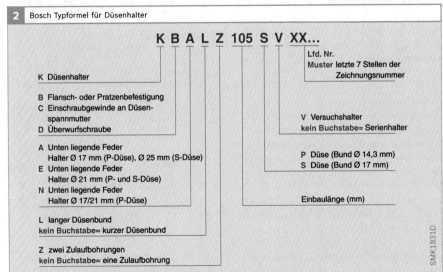

2 Bosch Typformel für Düsenhalter

$$K \quad B \quad A \quad L \quad Z \quad 105 \quad S \quad V \quad XX...$$

Lfd. Nr.
Muster letzte 7 Stellen der Zeichnungsnummer

K Düsenhalter

B Flansch- oder Pratzenbefestigung
C Einschraubgewinde an Düsenspannmutter
D Überwurfschraube

V Versuchshalter
kein Buchstabe= Serienhalter

A Unten liegende Feder
  Halter Ø 17 mm (P-Düse), Ø 25 mm (S-Düse)
E Unten liegende Feder
  Halter Ø 21 mm (P- und S-Düse)
N Unten liegende Feder
  Halter Ø 17/21 mm (P-Düse)

P Düse (Bund Ø 14,3 mm)
S Düse (Bund Ø 17 mm)

L langer Düsenbund
kein Buchstabe= kurzer Düsenbund

Einbaulänge (mm)

Z zwei Zulaufbohrungen
kein Buchstabe= eine Zulaufbohrung

Bild 2
Diese Nummer ist am Düsenhalter aufgeprägt und ermöglicht die genaue Identifikation des Düsenhalters.

Der Aufbau des Düsenhalters ist für Motoren mit direkter (DI) oder indirekter Einspritzung (IDI) prinzipiell gleich. Da heute fast ausschließlich Direkteinspritzer entwickelt werden, sind hier hauptsächlich DHK für DI-Motoren dargestellt. Die Beschreibungen gelten aber auch für IDI-Motoren, bei denen dann anstelle der Lochdüsen Zapfendüsen verwendet werden.

Düsenhalter können mit verschiedenen Düsen kombiniert sein. Es gibt je nach Anforderungen an den Einspritzverlauf
▸ *Standard-Düsenhalter* (Einfeder-Düsenhalter) und
▸ Zweifeder-Düsenhalter (nicht bei Unit Pump Systemen).

Eine Variante dieser Ausführungen ist der *Stufenhalter,* der sich besonders für enge Platzverhältnisse eignet.

Düsenhalter werden je nach Einspritzsystem mit und ohne Nadelbewegungssensor eingesetzt. Der Nadelbewegungssensor meldet dem Motorsteuergerät den genauen Einspritzbeginn.

Düsenhalter können mit Flanschen, Spannpratzen, Überwurfmuttern und mit einem Einschraubgewinde am Zylinderkopf befestigt sein. Der Druckanschluss liegt zentral oder seitlich.

Der an der Düsennadel vorbeileckende Kraftstoff dient zur Schmierung. Bei vielen Düsenhaltervarianten wird er über die Leckkraftstoffleitung zum Kraftstoffbehälter zurückgeleitet.

Einige Düsenhalter arbeiten ohne Leckkraftstoff - also ohne die entsprechende Rückleitung. Der Kraftstoff im Federraum dämpft bei hohen Einspritzmengen und Drehzahlen den Nadelhub, sodass sich ein ähnlicher Einspritzverlauf wie beim Zweifederdüsenhalter ergibt.

Bei den Hochdruck-Einspritzsystemen Common Rail und Unit Injector (auch Pumpe-Düse-Einheit genannt) ist die Düse im Injektor integriert. Ein Düsenhalter ist bei diesen Systemen nicht erforderlich.

Für Großmotoren mit einer Zylinderleistung von über 75 kW gibt es anwendungsspezifische Düsenhalterkombinationen mit und ohne Kühlung.

3 Beispiel für Düsenhalterkombinationen

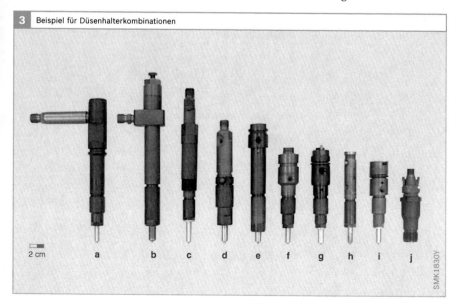

2 cm   a   b   c   d   e   f   g   h   i   j

SMK1830Y

Bild 3
a   Stufenhalter für Nkw
b   Standard-Düsenhalter für verschiedene Motoren
c   Zweifeder-Düsenhalter für Pkw
d   Standard-Düsenhalter für verschiedene Motoren
e   Stufenhalter ohne Leckkraftstoffanschluss für Nkw
f   Stufenhalter für Nkw
g   Stufenhalter für verschiedene Motoren
h   Zweifeder-Düsenhalter für Pkw
i   Stufenhalter für verschiedene Motoren
j   Standard-Düsenhalter mit Zapfendüse für verschiedene IDI-Motoren

Abgasnachbehandlung

Bisher wurde die Emissionsminderung beim Dieselmotor vorwiegend durch innermotorische Maßnahmen bewirkt. Bei vielen Diesel-Fahrzeugen werden die vom Motor freigesetzten Emissionen (Rohemissionen) jedoch die zukünftig in Europa, den USA und Japan geltenden Emissionsgrenzwerte überschreiten. Die erforderlichen hohen Minderungsraten lassen sich voraussichtlich nur durch eine effiziente Kombination von innermotorischen und nachmotorischen Maßnahmen erreichen. Analog zur bewährten Vorgehensweise bei Benzinfahrzeugen werden deshalb auch für Dieselfahrzeuge verstärkt Systeme zur Abgasnachbehandlung (nachmotorische Emissionsminderung) entwickelt.

Für Benzinfahrzeuge wurde in den 1980er-Jahren der Dreiwegekatalysator eingeführt, der Stickoxide (NO_x) mit Kohlenwasserstoffen (HC) und Kohlenmonoxid (CO) zu Stickstoff reduziert. Der Dreiwegekatalysators wird bei einem λ-Wert von 1 betrieben.

Für den mit Luftüberschuss arbeitenden Dieselmotor kann der Dreiwegekatalysator nicht zur NO_x-Reduktion eingesetzt werden, da im mageren Dieselabgas die HC- und CO-Emissionen am Katalysator bevorzugt nicht mit NO_x reagieren, sondern mit dem Restsauerstoff aus dem Abgas.

Die Beseitigung der HC- und CO-Emissionen aus dem Dieselabgas kann vergleichsweise einfach durch einen Oxidationskatalysator erfolgen, während sich die Entfernung der Stickoxide in Anwesenheit von Sauerstoff aufwändiger gestaltet. Grundsätzlich möglich ist die Entstickung mit einem NO_x-Speicherkatalysator oder einem SCR-Katalysator (Selective Catalytic Reduction).

Durch die innere Gemischbildung beim Dieselmotor entstehen erheblich höhere Rußemissionen als beim Ottomotor. Die aktuelle Tendenz beim Pkw geht dahin, diese mittels eines Partikelfilters nachmotorisch aus dem Abgas zu entfernen und die innermotorischen Maßnahmen vor allem auf die NO_x- und Geräuschminderung zu konzentrieren. Beim Nkw werden die NO_x-Emissionen i. d. R. bevorzugt nachmotorisch mit einem SCR-System vermindert.

Bild 1

A: DPF-Regelung
(Dieselpartikel-
filter)

B: DPF- und
NSC-Regelung
(Dieselpartikelfilter
und NO_x-Speicher-
katalysator),
Anwendung nur
für Pkw

1 Motorsteuergerät
2 Luftmassenmesser
(HFM)
3 Injektor
4 Rail
5 Hochdruckpumpe
6 Fahrpedal
7 Abgasturbolader
8 Diesel-Oxidations-
katalysator
9 NO_x-Speicher-
katalysator
10 Partikelfilter
11 Schalldämpfer

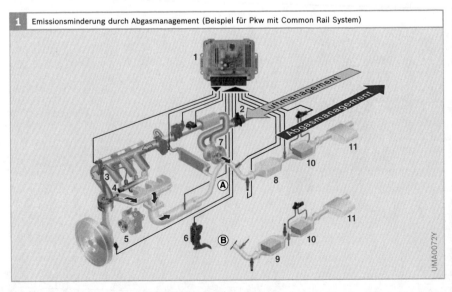

1 Emissionsminderung durch Abgasmanagement (Beispiel für Pkw mit Common Rail System)

UMA0072Y

NO$_x$-Speicherkatalysator

Der NO$_x$-Speicherkatalysator (NSC: NO$_x$ Storage Catalyst) baut die Stickoxide in zwei Schritten ab:

▶ Beladungsphase: kontinuierliche NO$_x$-Einspeicherung in die Speicherkomponenten des Katalysators im mageren Abgas.
▶ Regeneration: periodische NO$_x$-Ausspeicherung und Konvertierung im fetten Abgas.

Die Beladungsphase dauert betriebspunktabhängig 30...300 s, die Regeneration des Speichers erfolgt in 2...10 s.

NO$_x$-Einspeicherung

Der NO$_x$-Speicherkatalysator ist mit chemischen Verbindungen beschichtet, die eine hohe Neigung haben, mit NO$_2$ eine feste, aber chemisch reversible Verbindung einzugehen. Beispiele hierfür sind die Oxide und Carbonate der Alkali- und Erdalkalimetalle, wobei aufgrund des Temperaturverhaltens überwiegend Bariumnitrat verwendet wird.

Da nur NO$_2$, nicht aber NO direkt eingespeichert werden kann, werden die NO-Anteile des Abgases in einem vorgeschalteten oder integrierten Oxidationskatalysator an der Oberfläche einer Platinbeschichtung zu NO$_2$ oxidiert. Diese Reaktion verläuft mehrstufig, da sich während der Einspeicherung die Konzentration an freiem NO$_2$ im Abgas verringert und dann weiteres NO zu NO$_2$ oxidiert wird.

Im NO$_x$-Speicherkatalysator reagiert das NO$_2$ mit den Verbindungen der Katalysatoroberfläche (z. B. Bariumcarbonat BaCO$_3$ als Speichermaterial) und Sauerstoff (O$_2$) aus dem mageren Dieselabgas zu Nitraten:

$$BaCO_3 + 2\,NO_2 + {}^1/_2\,O_2 = Ba(NO_3)_2 + CO_2.$$

Der NO$_x$-Speicherkatalysator speichert so die Stickoxide. Die Speicherung ist nur in einem materialabhängigen Temperaturintervall des Abgases zwischen 250 und 450 °C optimal. Darunter ist die Oxidation von NO zu NO$_2$ sehr langsam, darüber ist das NO$_2$ nicht stabil. Die Speicherkatalysatoren besitzen jedoch auch im Niedertemperaturbereich eine kleine Speicherfähigkeit (Oberflächenspeicherung), die

2 Emissionsminderung durch Abgasmanagement (Beispiel für Pkw mit Common Rail System)

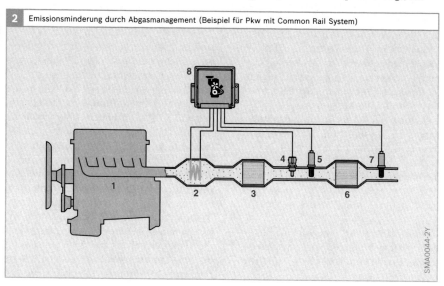

Bild 2
1 Dieselmotor
2 Abgasheizung (optional)
3 Oxidationskatalysator
4 Temperatursensor
5 Breitband-Lambda-Sonde
6 NO$_x$-Speicherkatalysator
7 NO$_x$-Sensor
8 Motorsteuergerät

SMA0044-2Y

ausreicht, um die beim Startvorgang im niedrigen Temperaturbereich entstehenden Stickoxide in hinreichendem Maße zu speichern.

Mit zunehmender Menge an gespeicherten Stickoxiden (Beladung) nimmt die Fähigkeit des Katalysators, weiter Stickoxide zu binden, ab. Dadurch steigt die Menge an Stickoxiden, die den Katalysator passieren, mit der Zeit an. Es gibt zwei Möglichkeiten zu erkennen, wann der Katalysator so weit beladen ist, dass die Einspeicherphase beendet werden muss:

▶ Ein modellgestütztes Verfahren berechnet unter Berücksichtigung des Katalysatorzustandes die Menge der eingespeicherten Stickoxide und daraus das verbleibende Speichervermögen.

▶ Ein NO$_x$-Sensor hinter dem NO$_x$-Speicherkatalysator misst die Stickoxidkonzentration im Abgas und bestimmt so den aktuellen Beladungsgrad.

NO$_x$-Ausspeicherung und Konvertierung
Am Ende der Einspeicherphase muss der Katalysator regeneriert werden, d.h., die eingelagerten Stickoxide müssen aus der Speicherkomponente entfernt und in die Komponenten Stickstoff (N$_2$) und Kohlendioxid (CO$_2$) konvertiert werden. Die Vorgänge für die Ausspeicherung des NO$_x$ und die Konvertierung laufen getrennt ab. Dazu muss im Abgas Luftmangel (fett, $\lambda < 1$) eingestellt werden. Als Reduktionsmittel dienen die im Abgas vorhandenen Stoffe CO, H$_2$ und verschiedene Kohlenwasserstoffe. Die Ausspeicherung – im Folgenden mit CO als Reduktionsmittel dargestellt – geschieht in der Weise, dass das CO das Nitrat (z.B. Bariumnitrat Ba(NO$_3$)$_2$) zu N$_2$ reduziert und zusammen mit Barium wieder ein Carbonat bildet:

$$Ba(NO_3)_2 + 3\,CO \rightarrow BaCO_3 + 2\,NO + 2\,CO_2$$

Dabei entstehen CO$_2$ und NO. Eine Rhodium-Beschichtung reduziert anschließend die Stickoxide mittels CO zu N$_2$ und CO$_2$:

$$2\,NO + 2\,CO \rightarrow N_2 + 2\,CO_2$$

Es gibt zwei Verfahren, das Ende der Ausspeicherphase zu erkennen:

▶ Das modellgestützte Verfahren berechnet die Menge der noch im NO$_x$-Speicherkatalysator vorhandenen Stickoxide.

▶ Eine Lambda-Sonde hinter dem Katalysator misst den Sauerstoffüberschuss im Abgas und zeigt eine Spannungsänderung von „mager" nach „fett", wenn die Ausspeicherung beendet ist.

Bei Dieselmotoren können fette Betriebsbedingungen ($\lambda < 1$) u. a. durch Späteinspritzung und Ansaugluftdrosselung eingestellt werden. Der Motor arbeitet während dieser Phase mit einem schlechteren Wirkungsgrad. Um den Kraftstoffmehrverbrauch gering zu halten, sollte die Regenerationsphase möglichst kurz im Verhältnis zur Einspeicherphase gehalten werden. Beim Umschalten von Mager- auf Fettbetrieb sind uneingeschränkte Fahrbarkeit sowie Konstanz von Drehmoment, Ansprechverhalten und Geräusch zu gewährleisten.

Desulfatisierung
Ein Problem von NO$_x$-Speicherkatalysatoren ist ihre Schwefelempfindlichkeit. Die Schwefelverbindungen, die in Kraftstoff und Schmieröl enthalten sind, oxidieren zu Schwefeldioxid (SO$_2$). Die im Katalysator eingesetzten Beschichtungen zur Nitratbildung (BaCO$_3$) besitzen jedoch eine sehr große Affinität (Bindungsstärke) zum Sulfat, d.h., SO$_2$ wird noch effektiver als NO$_x$ aus dem Abgas entfernt und im Speichermaterial durch Sulfatbildung gebunden. Die Sulfatbindung wird bei einer normalen Regeneration des Speichers nicht getrennt, sodass die Menge des gespeicherten Sulfats während der Betriebsdauer kontinuierlich ansteigt. Dadurch stehen immer weniger Speicherplätze für die NO$_x$-Speicherung zur Verfügung und der NO$_x$-Umsatz nimmt ab. Um eine ausreichende NO$_x$-Speicherfähigkeit zu ge-

währleisten, muss deshalb regelmäßig eine Desulfatisierung (Schwefelregenerierung) des Katalysators durchgeführt werden. Bei einem Gehalt von 10 mg/kg Schwefel im Kraftstoff („schwefelfreier Kraftstoff") wird diese nach etwa 5000 km Fahrstrecke erforderlich.

Zur Desulfatisierung wird der Katalysator für eine Dauer von mehr als 5 min auf über 650 °C aufgeheizt und mit fettem Abgas ($\lambda < 1$) beaufschlagt. Zur Temperaturerhöhung können die gleichen Maßnahmen wie zur Regeneration des Dieselpartikelfilters (DPF) eingesetzt werden. Im Gegensatz zur DPF-Regeneration wird aber durch die Verbrennungsführung auf eine vollständige Entfernung von O_2 aus dem Abgas abgezielt. Unter diesen Bedingungen wird das Bariumsulfat wieder zu Bariumcarbonat umgewandelt.

Bei der Desulfatisierung ist durch die Wahl einer geeigneten Prozessführung (z. B. oszillierendes λ um 1) darauf zu achten, dass das ausspeichernde SO_2 nicht durch dauerhaften Mangel an Rest-O_2 zu Schwefelwasserstoff (H_2S) reduziert wird. H_2S ist bereits in sehr geringen Konzentrationen hochgiftig und durch seinen intensiven Geruch wahrnehmbar.

Die bei der Desulfatisierung eingestellten Bedingungen müssen außerdem so gewählt werden, dass die Katalysatoralterung nicht übermäßig erhöht wird. Hohe Temperaturen (>750 °C) beschleunigen zwar die Desulfatisierung, bewirken aber auch eine verstärkte Katalysatoralterung. Eine Katalysator-optimierte Desulfatisierung muss deshalb in einem begrenzten Temperatur- und Luftzahlfenster erfolgen und darf den Fahrbetrieb nicht nennenswert beeinträchtigen.

Ein hoher Schwefelgehalt im Kraftstoff führt wegen der erforderlichen Häufigkeit der Desulfatisierung zu einer verstärkten Alterung des Katalysators und zu erhöhtem Kraftstoffverbrauch. Der Einsatz von Speicherkatalysatoren setzt deshalb die flächendeckende Verfügbarkeit von schwefelfreiem Kraftstoff voraus.

Selektive katalytische Reduktion von Stickoxiden

Übersicht
Die selektive katalytische Reduktion (SCR-Verfahren: Selective Catalytic Reduction) arbeitet im Unterschied zum NSC-Verfahren (NO_x-Speicherkatalysator) kontinuierlich und greift nicht in den Motorbetrieb ein. Das Verfahren befindet sich derzeit in der Serieneinführung bei Nutzfahrzeugen. Es bietet die Möglichkeit, niedrige NO_x-Emissionen bei gleichzeitig geringem Kraftstoffverbrauch zu gewährleisten. Im Gegensatz dazu bedingt die NO_x-Ausspeicherung und Konvertierung beim NSC-Verfahren einen erhöhten Kraftstoffverbrauch.

In Großfeuerungsanlagen hat sich die selektive katalytische Reduktion für die Abgasentstickung bereits bewährt. Sie beruht darauf, dass ausgewählte Reduktionsmittel in Gegenwart von Sauerstoff selektiv Stickoxide (NO_x) reduzieren. Selektiv bedeutet hierbei, dass die Oxidation des Reduktionsmittels bevorzugt (selektiv) mit dem Sauerstoff der Stickoxide und nicht mit dem im Abgas wesentlich reichlicher vorhandenen molekularen Sauerstoff erfolgt. Ammoniak (NH_3) hat sich hierbei als das Reduktionsmittel mit der höchsten Selektivität bewährt.

Für den Betrieb im Fahrzeug müssten NH_3-Mengen gespeichert werden, die aufgrund der Toxizität sicherheitstechnisch bedenklich sind. NH_3 kann jedoch aus ungiftigen Trägersubstanzen wie Harnstoff oder Ammoniumcarbamat erzeugt werden. Als Trägersubstanz hat sich Harnstoff bewährt. Harnstoff, $(NH_2)_2CO$, wird großtechnisch als Dünge- und Futtermittel hergestellt, ist grundwasserverträglich und chemisch bei Umweltbedingungen stabil. Harnstoff weist eine sehr gute Löslichkeit in Wasser auf und kann daher als einfach zu dosierende Harnstoff-Wasser-Lösung dem Abgas zugegeben werden.

Bei einer Massenkonzentration von 32,5 % Harnstoff in Wasser hat der Gefrierpunkt bei 11 °C ein lokales Minimum: es bildet sich ein Eutektikum, wodurch ein Entmischen der Lösung im Falle des Einfrierens ausgeschlossen wird.

Für die präzise Zudosierung des Reduktionsmittels in das Abgas wurde das DENOXTRONIC-System entwickelt (Bild 1). Dieses System ist gefrierfest ausgelegt. Wesentliche Bauteile können beheizt werden, um die Dosierfunktion auch kurz nach einem Kaltstart sicherzustellen.
 Harnstoff-Wasser-Lösung ist unter dem Markennamen AdBlue in Deutschland flächendeckend verfügbar. Für AdBlue existiert der Normenvorschlag DIN 70070, der die Eigenschaften der Lösung verbindlich festlegt.

Chemische Reaktionen

Vor der eigentlichen SCR-Reaktion muss aus Harnstoff zunächst Ammoniak gebildet werden. Dies geschieht in zwei Reaktionsschritten, die zusammengefasst als Hydrolysereaktion bezeichnet werden. Zunächst werden in einer Thermolysereaktion NH_3 und Isocyansäure gebildet:

$$(NH_2)_2CO \rightarrow NH_3 + HNCO \text{ (Thermolyse)}$$

Anschließend wird in einer Hydrolysereaktion die Isocyansäure mit Wasser zu Ammoniak und Kohlendioxid umgesetzt.

$$HNCO + H_2O \rightarrow NH_3 + CO_2 \text{ (Hydrolyse)}$$

Zur Vermeidung von festen Ausscheidungen ist es erforderlich, dass die zweite Reaktion durch die Wahl geeigneter Katalysatoren und genügend hoher Temperaturen (ab 250 °C) ausreichend schnell erfolgt. Moderne SCR-Reaktoren übernehmen gleichzeitig die Funktion des Hydrolysekatalysators, sodass ein (früher üblicher) vorgelagerter Hydrolysekatalysator entfallen kann.

Das durch die Thermohydrolyse entstandene Ammoniak reagiert am SCR-Katalysator nach den folgenden Gleichungen:

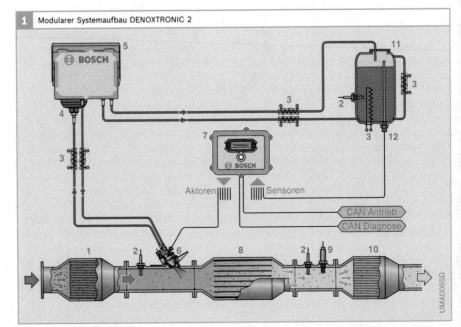

1 Modularer Systemaufbau DENOXTRONIC 2

Bild 1
1 Diesel-Oxidations-
 katalysator
2 Temperatursensor
3 Heizung
4 Filter
5 Fördermodul
 DENOX2
6 AdBlue-Dosier-
 modul
7 Dosiersteuergerät
8 SCR-Katalysator
9 NO_x-Sensor
10 Schlupf-Katalysator
11 AdBlue-Tank
12 AdBlue-Füllstand-
 sensor

Aktoren

Sensoren

CAN Antrieb
CAN Diagnose

UMA0085D

$$4\,NO + 4\,NH_3 + O_2 \rightarrow 4\,N_2 + 6H_2O \qquad \text{(Gl. 1)}$$

$$NO + NO_2 + 2\,NH_3 \rightarrow 2\,N_2 + 3\,H_2O \qquad \text{(Gl. 2)}$$

$$6\,NO_2 + 8\,NH_3 \rightarrow 7\,N_2 + 12\,H_2O \qquad \text{(Gl. 3)}$$

Bei niedrigen Temperaturen (< 300 °C) läuft der Umsatz überwiegend über Reaktion 2 ab. Für einen guten Niedertemperatur-Umsatz ist es deshalb erforderlich, ein NO_2:NO-Verhältnis von etwa 1:1 einzustellen. Unter diesen Umständen kann die Reaktion 2 bereits bei Temperaturen ab 170...200 °C erfolgen.

Die Oxidation von NO zu NO_x erfolgt an einem vorgelagerten Oxidationskatalysator, der deshalb wesentlich für einen optimalen Wirkungsgrad ist.

Wird mehr Reduktionsmittel dosiert, als bei der Reduktion mit NO_x umgesetzt wird, so kann es zu einem unerwünschten NH_3-Schlupf kommen. NH_3 ist gasförmig und hat eine sehr niedrige Geruchsschwelle (15 ppm), sodass es zu einer – vermeidbaren – Belästigung der Umgebung kommen würde. Die Entfernung des NH_3 kann durch einen zusätzlichen Oxidationskatalysator hinter dem SCR-Katalysator erzielt werden. Dieser Sperrkatalysator oxidiert das gegebenenfalls auftretende Ammoniak zu N_2 und H_2O. Darüber hinaus ist eine sorgfältige Applikation der AdBlue-Dosierung unerlässlich.

Eine für die Applikation wichtige Kenngröße ist das Feed-Verhältnis α, definiert als das molare Verhältnis von zudosiertem NH_3 zu dem im Abgas vorhandenen NO_x. Bei idealen Betriebsbedingungen (kein NH_3-Schlupf, keine Nebenreaktionen, keine NH_3-Oxidation) ist α direkt proportional zur NO_x-Reduktionsrate: bei $\alpha = 1$ wird theoretisch eine 100%ige NO_x-Reduktion erreicht. Im praktischen Einsatz kann bei einem NH_3-Schlupf von < 20 ppm eine NO_x-Reduktion von 90 % im stationären und instationären Betrieb erzielt werden. Die hierfür erforderliche Menge AdBlue entspricht etwa 5 % der Menge des eingesetzten Dieselkraftstoffs.

Der Reduktionsmittelbedarf hängt von der spezifischen NO_x-Emission (g_{NO_x}/kg_{Diesel}) ab. Mit dem SCR-Verfahren können höhere NO_x-Emissionen im Rohabgas, die bei wirkungsgradoptimierten Brennverfahren auftreten, durch die Zugabe von AdBlue kompensiert werden.

Durch die vorgelagerte Hydrolysereaktion wird bei den heutigen SCR-Katalysatoren ein NO_x-Umsatz > 50 % erst bei Temperaturen oberhalb von ca. 250 °C erreicht, optimale Umsatzraten werden im Temperaturfenster 250...450 °C erzielt. Die Vergrößerung des Temperaturarbeitsbereichs und insbesondere eine verbesserte Niedertemperaturaktivität sind Gegenstand der aktuellen Katalysatorforschung.

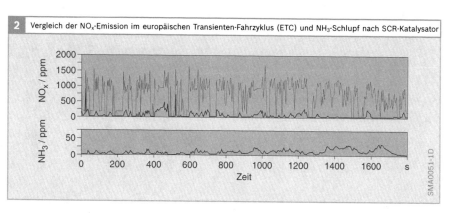

2 Vergleich der NO_x-Emission im europäischen Transienten-Fahrzyklus (ETC) und NH_3-Schlupf nach SCR-Katalysator

Bild 2
Oberes Diagramm:
— Ohne Zumischung einer Harnstoff-Wasser-Lösung: 10,9 g/kWh
— mit Zumischung einer 32,5 %igen Harnstoff-Wasser-Lösung: 1,0 g/kWh

Partikelfilter DPF

Die von einem Dieselmotor emittierten Rußpartikel können durch Dieselpartikelfilter (DPF) effizient aus dem Abgas entfernt werden. Die bisher bei Pkw eingesetzten Partikelfilter bestehen aus porösen Keramiken.

Geschlossene Partikelfilter

Keramische Partikelfilter bestehen im Wesentlichen aus einem Wabenkörper aus Siliziumkarbid oder Cordierit, der eine große Anzahl von parallelen, meist quadratischen Kanälen aufweist. Die Dicke der Kanalwände beträgt typischerweise 300...400 µm. Die Größe der Kanäle wird durch Angabe der Zelldichte (channels per square inch, cpsi) angegeben (typischer Wert: 100...300 cpsi).

Benachbarte Kanäle sind an den jeweils gegenüberliegenden Seiten durch Keramikstopfen verschlossen, sodass das Abgas durch die porösen Keramikwände hindurchströmen muss. Beim Durchströmen der Wände werden die Rußpartikel zunächst durch Diffusion zu den Porenwänden (im Innern der Keramikwände) transportiert, wo sie haften bleiben (Tiefenfilterung). Bei zunehmender Beladung des Filters mit Ruß bildet sich auch auf den Oberflächen der Kanalwände (auf der den Eintrittskanälen zugewandten Seite) eine Rußschicht, welche zunächst eine sehr effiziente Oberflächenfilterung für die folgende Betriebsphase bewirkt. Eine übermäßige Beladung muss jedoch verhindert werden (siehe Abschnitt „Regeneration").

Im Gegensatz zu Tiefenfiltern speichern Wall-Flow-Filter die Partikel im Wesentlichen auf der Oberfläche der Keramikwände (Oberflächenfilterung).

Neben Filtern mit einer symmetrischen Anordnung von jeweils quadratischen Eingangs- und Ausgangskanälen werden jetzt auch keramische „Octosquaresubstrate" angeboten (Bild 2). Dieses besitzen größere achteckige Eingangskanäle und kleinere quadratische Ausgangskanäle. Durch die großen Eingangskanäle lässt sich das Speichervermögen des Partikelfilters für Asche, nicht brennbare Rückstände aus verbranntem Motoröl sowie Additivasche (siehe Abschnitt „Additivsystem") erheblich erhöhen.

Keramische Filter erreichen einen Rückhaltegrad von mehr als 95 % für Partikel des gesamten relevanten Größenspektrums (10 nm...1 µm). Bei diesen geschlossenen Partikelfiltern durchströmt das gesamte Abgas die Porenwände.

Bild 1
1   einströmendes Abgas
2   Gehäuse
3   Keramikpropfen
4   Wabenkeramik
5   ausströmendes Abgas

Bild 2
a   quadratischer Kanal-Querschnitt
b   Octosquare-Design

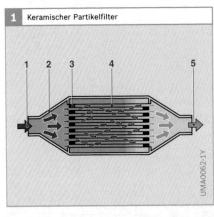

1 Keramischer Partikelfilter

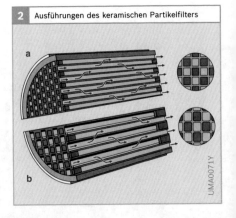

2 Ausführungen des keramischen Partikelfilters

Offene Partikelfilter

Bei offenen Partikelfiltern wird nur ein Anteil des Abgases durch eine Filterwand geleitet, während der Rest ungefiltert vorbei strömt. Offene Filter erreichen je nach Anwendung einen Abscheidegrad von 30...80 %.

Mit zunehmender Partikelbeladung steigt der Anteil des Abgases, der ungefiltert das Filter passiert und dieses somit nicht verstopfen kann. Dadurch sinkt jedoch der Abscheidegrad. Die offenen Filter werden hauptsächlich als Retrofit-Filter eingesetzt, da keine geregelte Filterreinigung benötigt wird (Regeneration siehe nächster Abschnitt). Die Reinigung der offenen Filter erfolgt durch den CRT®-Effekt (s. Abschnitt CRT®-System).

Regeneration

Partikelfilter müssen von Zeit zu Zeit von den anhaftenden Partikeln befreit, d. h. regeneriert werden. Durch die anwachsende Rußbeladung des Filters steigt der Abgasgegendruck stetig an. Der Wirkungsgrad des Motors und das Beschleunigungsverhalten des Fahrzeugs werden beeinträchtigt.

Eine Regeneration muss jeweils nach ca. 500 Kilometern durchgeführt werden; abhängig von der Rußrohemission und der Größe des Filters kann dieser Wert stark schwanken (ca. 300...800 Kilometer). Die Dauer des Regenerationsbetriebs liegt in der Größenordnung von 10...15 Minuten, beim Additivsystem auch darunter. Sie ist zudem abhängig von den Betriebsbedingungen des Motors.

Die Regeneration des Filters erfolgt durch Abbrennen des gesammelten Rußes im Filter. Der Kohlenstoffanteil der Partikel kann mit dem im Abgas stets vorhandenen Sauerstoff oberhalb von ca. 600 °C zu ungiftigem CO_2 oxidiert (verbrannt) werden. Solche hohen Temperaturen liegen nur bei Nennleistungsbetrieb des Motors vor und stellen sich im normalen Fahrbetrieb sehr selten ein. Daher müssen Maßnahmen ergriffen werden, um die Rußabbrand-Temperatur zu senken und/oder die Abgastemperatur zu erhöhen.

Mit NO_2 als Oxidationsmittel kann Ruß bereits bei Temperaturen von 300...450 °C oxidiert werden. Dieses Verfahren wird technisch im CRT®-System genutzt.

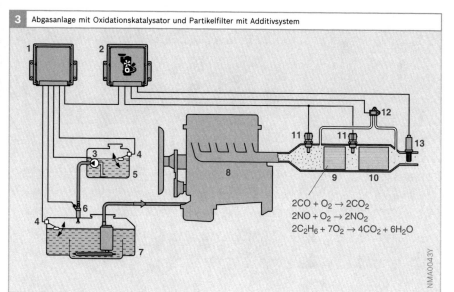

3 Abgasanlage mit Oxidationskatalysator und Partikelfilter mit Additivsystem

$$2CO + O_2 \rightarrow 2CO_2$$
$$2NO + O_2 \rightarrow 2NO_2$$
$$2C_2H_6 + 7O_2 \rightarrow 4CO_2 + 6H_2O$$

NMA0043Y

Bild 3
1 Additivsteuergerät
2 Motorsteuergerät
3 Additivpumpe
4 Füllstandssensor
5 Additivtank
6 Additivdosiereinheit
7 Kraftstoffbehälter
8 Dieselmotor
9 Oxidations-
  katalysator
10 Partikelfilter
11 Temperatursensor
12 Differenzdruck-
  sensor
13 Rußsensor

Additivsystem

Durch Zugabe eines Additivs – meist Cer-
oder Eisenverbindungen – in den Dieselkraftstoff kann die Ruß-Oxidationstempe-
ratur von 600 °C auf ca. 450...500 °C
abgesenkt werden. Doch auch diese Temperatur wird im Fahrzeugbetrieb im Abgasstrang nicht immer erreicht, sodass der
Ruß nicht kontinuierlich verbrennt. Oberhalb einer gewissen Rußbeladung des
Partikelfilters wird deshalb die aktive Regeneration eingeleitet. Dazu wird die Verbrennungsführung des Motors so verändert, dass die Abgastemperatur bis
zur Rußabbrandtemperatur ansteigt. Dies
kann z. B. durch spätere Einspritzung erreicht werden.

Das dem Kraftstoff zugegebene Additiv
bleibt nach der Regeneration als Rück-
stand (Asche) im Filter zurück. Diese
Asche, wie auch Asche aus Motoröl- oder
Kraftstoffrückständen, setzt den Filter
allmählich zu und erhöht den Abgasgegendruck. Um den Druckanstieg zu verringern, wird die Asche-Speicherfähigkeit
bei keramischen Octosquarefiltern durch
möglichst große Querschnitte der Ein-
trittskanäle vergrößert. Dadurch bieten
diese Filter hinreichend Kapazität für alle
beim Abbrand entstehenden Ascherück-
stände, die während der normalen Lebensdauer des Fahrzeugs anfallen.

Beim herkömmlichen Keramikfilter geht
man davon aus, dass er beim Einsatz einer
additivbasierten Regeneration ca. alle
120 000 km ausgebaut und mechanisch
gereinigt werden muss.

Katalytisch beschichteter Filter (CDPF)

Durch eine Beschichtung des Filters mit
Edelmetallen (meist Platin) kann ebenfalls
der Abbrand der Rußpartikel verbessert
werden. Der Effekt ist hier jedoch geringer
als beim Einsatz eines Additivs.

Zur Regeneration sind beim CDPF
weitere Maßnahmen zur Anhebung der
Abgastemperatur erforderlich, entsprechend den Maßnahmen beim Additivsystem. Gegenüber dem Additivsystem
hat die katalytische Beschichtung jedoch
den Vorteil, dass keine Additivasche im
Filter anfällt.

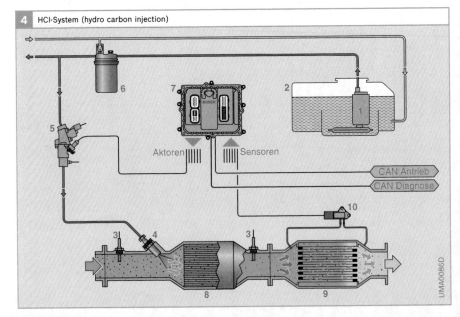

4 HCI-System (hydro carbon injection)

Bild 4

1 Kraftstoffpumpe
2 Kraftstoffbehälter
3 Temperatursensor
4 HC-Dosiermodul
5 HC-Zumesseinheit
6 Kraftstofffilter
7 Motorsteuergerät
8 Diesel-Oxidations-
 katalysator
9 Diesel-Partikelfilter
10 Differenzdruck-
 sensor

Die katalytische Beschichtung erfüllt mehrere Funktionen:
- Oxidation von CO und HC,
- Oxidation von NO zu NO_2,
- Oxidation von CO zu CO_2.

CRT®-System

Nutzfahrzeugmotoren werden häufiger als Pkw-Motoren in der Nähe des maximalen Drehmoments, also bei vergleichsweise hohen NO_x-Emissionen betrieben. Bei Nutzfahrzeugen ist daher die kontinuierliche Regeneration des Partikelfilters nach dem CRT®-Prinzip (Continuously Regenerating Trap) möglich.

Das Prinzip beruht darauf, dass Ruß mit NO_2 bereits bei Temperaturen von 300...450 °C verbrannt werden kann. Das Verfahren arbeitet bei diesen Temperaturen zuverlässig, wenn das Massenverhältnis NO_2/Ruß größer ist als 8:1. Für die Nutzung des Verfahrens wird ein Oxidationskatalysator, der NO zu NO_2 oxidiert, stromauf des Partikelfilters angeordnet. Damit sind die Voraussetzungen für die Regeneration nach dem CRT®-Verfahren bei Nutzfahrzeugen im normalen Betrieb meistens gegeben. Diese Methode wird auch als passive Regeneration bezeichnet, da der Ruß kontinuierlich ohne Einleitung aktiver Maßnahmen verbrannt wird.

Die Wirksamkeit des Verfahrens wurde in Nkw-Flottenversuchen demonstriert, aber in der Regel sind auch bei Nutzfahrzeugen weitere Regenerationsmaßnahmen vorgesehen.

Bei Pkw, die häufig im niedrigen Lastbereich betrieben werden, lässt sich eine vollständige Regeneration des Partikelfilters durch den CRT®-Effekt nicht realisieren.

HCI-System

Um Partikelfilter aktiv zu regenerieren, muss die Temperatur im Filter auf über 600 °C erhöht werden. Dies kann durch motorinterne Einstellungen erreicht werden. Bei ungünstigen Applikationen - z. B. bei sehr großem Abstand zwischen Partikelfilter und Motor - werden die motorinternen Maßnahmen sehr aufwändig. Hier wird dann ein HCI-System (hydro carbon injection) verwendet, bei dem Dieselkraftstoff vor einem Katalysator (Bild 4, Pos. 8) eingespritzt bzw. verdampft wird und dann in diesem katalytisch verbrannt wird. Die bei der Verbrennung entstehende Wärme wird zur Regeneration des nachgeschalteten Partikelfilters (9) genutzt.

Diesel-Oxidationskatalysator

Funktionen

Der Diesel-Oxidationskatalysator (Diesel Oxidation Catalyst, DOC) erfüllt verschiedene Funktionen für die Abgasnachbehandlung:

▶ Senkung der CO- und HC-Emissionen,
▶ Reduktion der Partikelmasse,
▶ Oxidation von NO zu NO_2,
▶ Einsatz als katalytischer Brenner.

Senkung der CO- und HC-Emissionen

Am DOC werden Kohlenmonoxid (CO) und Kohlenwasserstoffe (HC) zu Kohlendioxid (CO_2) und Wasserdampf (H_2O) oxidiert. Die Oxidation am DOC erfolgt ab einer gewissen Grenztemperatur, der Light-off-Temperatur, fast vollständig. Die Light-off-Temperatur liegt je nach Abgaszusammensetzung, Strömunggeschwindigkeit und Katalysatorzusammensetzung bei 170...200 °C. Ab dieser Temperatur steigt der Umsatz innerhalb eines Temperaturintervalls von 20...30 °C auf über 90 %.

Reduktion der Partikelmasse

Die vom Dieselmotor emittierten Partikel bestehen zum Teil aus Kohlenwasserstoffen, die bei steigenden Temperaturen vom Partikelkern desorbieren. Durch Oxidation dieser Kohlenwasserstoffe im DOC kann die Partikelmasse (PM) um 15...30 % reduziert werden.

Oxidation von NO zu NO_2

Eine wesentliche Funktion des DOC ist die Oxidation von NO zu NO_2. Ein hoher NO_2-Anteil am NO_x ist für eine Reihe von nachgelagerten Komponenten (Partikelfilter, NSC, SCR) wichtig.

Im motorischen Rohabgas beträgt der NO_2-Anteil am NO_x in den meisten Betriebspunkten nur etwa 1:10. NO_2 steht mit NO in Anwesenheit von Sauerstoff (O_2) in einem temperaturabhängigen Gleichgewicht. Dieses Gleichgewicht liegt bei niedrigen Temperaturen (< 250 °C) aufseiten von NO_2.

Oberhalb von etwa 450 °C ist hingegen NO die thermodynamisch bevorzugte Komponente. Aufgabe des DOC ist es, bei niedrigen Temperaturen das NO_2:NO-Verhältnis durch Einstellen des thermodynamischen Gleichgewichts zu erhöhen. Je nach Katalysatorbeschichtung und Zusammensetzung des Abgases gelingt dies ab einer Temperatur von 180...230 °C, sodass die Konzentration von NO_2 in diesem Temperaturbereich stark ansteigt. Entsprechend dem thermodynamischen Gleichgewicht nimmt die NO_2-Konzentration mit steigenden Temperaturen wieder ab.

Katalytischer Brenner

Der Oxidationskatalysator kann auch als katalytische Heizkomponente („katalytischer Brenner", „Cat-Burner") eingesetzt werden. Dabei wird die bei der Oxidation von CO und HC frei werdende Reaktionswärme zur Erhöhung der Abgastemperatur hinter DOC genutzt. Die CO- und HC-Emissionen werden zu diesem Zweck über eine motorische Nacheinspritzung oder über ein nachmotorisches Einspritzventil gezielt erhöht.

Katalytische Brenner werden z. B. zur Anhebung der Abgastemperatur bei der Partikelfilter-Regeneration eingesetzt.

Als Näherung für die bei der Oxidation freigesetzte Wärme gilt, dass je 1 Vol.-% CO die Temperatur des Abgases um etwa 90 °C steigt. Da die Temperaturerhöhung sehr schnell erfolgt, stellt sich im Katalysator ein starker Temperaturgradient ein. Im ungünstigsten Fall erfolgen der CO- bzw. HC-Umsatz und die Wärmefreisetzung nur im vorderen Bereich des Katalysators. Die dadurch entstehende Werkstoffbelastung des keramischen Trägers und des Katalysators begrenzt den zulässigen Temperaturhub auf etwa 200...250 °C.

Aufbau

Struktureller Aufbau

Oxidationskatalysatoren bestehen aus einer Trägerstruktur aus Keramik oder

Metall, einer Oxidmischung („Washcoat")
aus Aluminiumoxid (Al_2O_3), Ceroxid
(CeO_2) und Zirkonoxid (ZrO_2) sowie aus
den katalytisch aktiven Edelmetallkompo-
nenten Platin (Pt), Palladium (Pd) und
Rhodium (Rh).

Primäre Aufgabe des Washcoats ist es,
eine große Oberfläche für das Edelmetall
bereitzustellen und die bei hohen Temperaturen auftretende Sinterung des Katalysators, die zu einer irreversiblen Abnahme
der Katalysatoraktivität führt, zu verlang-
samen. Die hochporöse Struktur des Washcoats muss ihrerseits stabil gegenüber
Sinterungsprozessen sein.

Die für die Beschichtung eingesetzte Edel-
metallmenge, häufig auch als Beladung
bezeichnet, wird in g/ft^3 angegeben. Die
Beladung liegt im Bereich 50...90 g/ft^3
(1,8...3,2 g/l). Da nur die Oberflächena-
tome chemisch aktiv sind, ist es ein Ziel
der Entwicklung, möglichst kleine Edelme-
tallpartikel (Größenordnung einige nm) zu
erzeugen und zu stabilisieren, um so den
Edelmetalleinsatz zu minimieren.

Über den strukturellen Aufbau des Katalysators und die Wahl der Katalysatorzusammensetzung lassen sich wesentliche
Eigenschaften wie Anspringverhalten
(Light-off-Temperatur), Umsatz, Tempera-
turstabilität, Toleranz gegenüber Vergiftung, aber auch die Herstellungskosten, in
großen Bereichen verändern.

Innere Struktur
Wesentliche Parameter des Katalysators
sind die Dichte der Kanäle (angegeben in
cpi, Channels per $inch^2$), die Wandstärke
der einzelnen Kanäle und die Außenmaße
des Katalysators (Querschnittsfläche und
Länge). Kanaldichte und Wandstärke bestimmen das Aufwärmverhalten, den Abgasgegendruck sowie die mechanische
Stabilität des Katalysators.

Auslegung
Das Katalysatorvolumen V_{Kat} wird abhängig vom Abgasvolumenstrom festgelegt,
der seinerseits proportional zum Hubvolumen V_{Hub} des Motors ist. Typische
Werte für die Auslegung eines Oxidations-
katalysators sind V_{Kat}/V_{Hub} = 0,6...0,8.

Das Verhältnis von Abgasvolumenstrom zu
Katalysatorvolumen wird als Raumge-
schwindigkeit (Einheit: h^{-1}) bezeichnet.
Typische Werte für einen Oxidationskatalysator betragen 150 000...250 000 h^{-1}.

Betriebsbedingungen
Wesentlich für eine wirkungsvolle Abgasnachbehandlung sind neben dem Einsatz
des richtigen Katalysators auch die richtigen Betriebsbedingungen. Diese können
durch das Motormanagement in einem
weiten Bereich eingestellt werden.

Bei zu hohen Betriebstemperaturen
treten Sinterungsprozesse auf, d. h., aus
mehreren kleineren Edelmetallpartikeln
entsteht ein größeres Partikel mit entsprechend kleinerer Oberfläche und dadurch herabgesetzter Aktivität. Aufgabe
des Abgastemperaturmanagements ist es
deshalb, die Haltbarkeit des Katalysators
durch Vermeidung zu hoher Temperaturen zu verbessern.

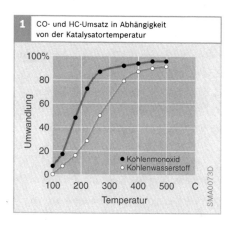

1   CO- und HC-Umsatz in Abhängigkeit
von der Katalysatortemperatur

- Kohlenmonoxid
- Kohlenwasserstoff

SMA0073D

Verständnisfragen

Die Verständnisfragen dienen dazu, den Wissensstand zu überprüfen. Die Antworten zu den Fragen finden sich in den Abschnitten, auf die sich die jeweilige Frage bezieht. Daher wird hier auf eine explizite „Musterlösung" verzichtet. Nach dem Durcharbeiten des vorliegenden Teils des Fachlehrgangs sollte man dazu in der Lage sein, alle Fragen zu beantworten. Sollte die Beantwortung der Fragen schwer fallen, so wird die Wiederholung der entsprechenden Abschnitte empfohlen.

1. Wofür werden Dieselmotoren eingesetzt?

2. Was sind wichtige Kenndaten eines Dieselmotors?

3. Wie arbeitet ein Dieselmotor?

4. Wie ist das Drehmoment und die Leistung definiert?

5. Durch welchen Vergleichsprozess wird der Dieselmotor beschrieben? Wie ist dieser Vergleichsprozess charakterisiert?

6. Wie ist der effektive Wirkungsgrad definiert? Wie wird er berechnet?

7. Welche Betriebszustände gibt es? Wodurch sind diese Betriebszustände charakterisiert?

8. Wodurch sind die Betriebsbedingungen begrenzt?

9. Über welche Stellgröße wird die Motorleistung geregelt?

10. Welche Formen haben die Brennräume und warum?

11. Welche Kenngrößen für Dieselkraftstoff gibt es? Welche Bedeutung haben sie?

12. Welche Additive werden zugesetzt und warum?

13. Welche alternativen Kraftstoffe gibt es? Wie werden sie hergestellt?

14. Welche Systeme zur Füllungssteuerung und zur Aufladung gibt es? Wie funktionieren sie?

15. Was sind die Vor- und Nachteile der Abgasturboaufladung und der mechanischen Aufladung?

16. Wie funktionieren Drallklappen?

17. Wie ist ein Luftfilter aufgebaut und wie funktioniert er?

18. Wie ist die Luftzahl definiert?

19. Welche Parameter der Einspritzung gibt es? Welche Bedeutung haben sie?

20. Wie sieht der Einspritzverlauf aus?

21. Welche Diesel-Einspritzsysteme gibt es und wie funktionieren sie prinzipiell?

22. Wie funktioniert eine Reiheneinspritzpumpe?

23. Wie funktioniert eine Verteilereinspritzpumpe?

24. Welche Einzelzylinder-Systeme gibt es und wie funktionieren sie?

25. Wie funktioniert ein Common Rail-System?

26. Wie ist die elektronische Dieselregelung aufgebaut und wie funktioniert sie?

27. Wie wird die Einspritzung geregelt?

28. Welche Starthilfesysteme gibt es und wie funktionieren sie?

29. Welche Einspritzdüsen gibt es, wie sind sie aufgebaut und wie funktionieren sie?

30. Wie wird das Abgas nachbehandelt?

31. Welche Möglichkeiten gibt es, die Stickoxide zu reduzieren?

32. Wie ist ein Partikelfilter aufgebaut und wie funktioniert er?

Abkürzungsverzeichnis

A

ACEA: Association des Constructeurs Européens d'Automobiles (Verband der europäischen Automobilhersteller)

ADC: Analog/Digital-Converter (Analog/Digital-Wandler)

AGR: Abgasrückführung

AHR: Abgashubrückmelder

ARD: Aktive Ruckeldämpfung

ASIC: Application Specific Integrated Circuit (anwendungsbezogene integrierte Schaltung)

ATL: Abgasturbolader

AU: Abgasuntersuchung

B

BDE: Benzin-Direkteinspritzung

BIP-Signal: Begin of Injection Period-Signal (Signal der Förderbeginnerkennung)

C

CAN: Controller Area Network

CARB: California Air Resources Board

CDPF: Catalyzed Diesel Particulate Filter (katalytisch beschichteter Partikelfilter)

CFPP: Cold Filter Plugging Point (Filter-Verstopfungspunkt bei Kälte)

CFR: Cooperative Fuel Research

CFV: Critical Flow Venturi

CPU: Central Processing Unit

CR: Common Rail

CRT: Continuously Regenerating Trap (kontinuierlich regenerierendes Partikelfiltersystem)

CSF: Catalyzed Soot Filter (katalytisch beschichteter Partikelfilter)

D

DCU: DENOXTRONIC Control Unit

DHK: Düsenhalterkombination

DI: Direct Injection (Direkteinspritzung)

DME: Dimethylether

DOC: Diesel Oxidation Catalyst (Diesel-Oxidationskatalysator)

DPF: Dieselpartikelfilter

E

ECE: Economic Commission for Europe (Europäische Wirtschaftskommission der Vereinten Nationen)

EDC: Electronic Diesel Control (Elektronische Dieselregelung)

EDR: Enddrehzahlregelung

EEPROM: Electrically Erasable Programmable Read Only Memory

EKP: Elektrokraftstoffpumpe

ELR: Elektronische Leerlaufregelung

ELR: European Load Response

EMI: Einspritzmengenindikator

EMV: Elektromagnetische Verträglichkeit

EOBD: European OBD

EOL-Programmierung: End-Of-Line-Programmierung

EPA: Environmental Protection Agency (US-Umwelt-Bundesbehörde)

EPROM: Erasable Programmable Read Only Memory

euATL: Elektrisch unterstützter Abgasturbolader

EWIR: Emissions Warranty Information Report

F

FAME: Fatty Acid Methyl Ester (Fettsäuremethylester)

FTP: Federal Test Procedure

G

GDV: Gleichdruckventil

GRV: Gleichraumventil

GLP: Glow Plug (Glühstiftkerze)

H

H-Pumpe: Hubschieber-Reiheneinspritzpumpe

HBA: Hydraulisch betätigte Angleichung

HCCI: Homogeneous Compressed Combustion Ignition

HD: Hochdruck

HDK: Halb-Differenzial-Kurzschlussringsensor

HDV: Heavy-Duty Vehicle

HFM: Heißfilm-Luftmassenmesser

HFRR-Methode: High Frequency Reciprocating Rig (Verschleißprüfung)

HGB: Höchstgeschwindigkeitsbegrenzung

H-Kat: Hydrolyse-Katalysator

HSV: Hydraulische Startmengen-
verriegelung
HWL: Harnstoff-Wasser-Lösung

I
IC: Integrated Circuit (Integrierte
Schaltung)
IDI: Indirect Injection
(Indirekte Einspritzung)
IMA: Injektormengenabgleich
IWZ-Signal: Inkremental-Winkel-
Zeit-Signal

J
JAMA: Japan Automobile
Manufacturers Association

K
KMA: Kontinuierliche Mengenanalyse
KSB: Kaltstartbeschleuniger
KW: Kurbelwellenwinkel

L
LDA: Ladedruckabhängiger
Volllastanschlag
LDR: Ladedruckregelung
LDT: Light-Duty Truck
LED: Light-Emitting Diode
(Leuchtdiode)
LEV: Low-Emission Vehicle
LFG: Leerlauffeder gehäusefest
LLR: Leerlaufregelung
LRR: Laufruheregelung
LSF: (Zweipunkt-)Finger-Lambda-
Sonde
LSU: (Breitband-)Lambda-Sonde-
Universal

M
MAB: Mengenabstellung
MAR: Mengenausgleichsregelung
MBEG: Mengenbegrenzung
MC: Microcomputer
MDPV: Medium Duty Passenger
Vehicle
MI: Main Injection
MIL: Malfunction Indicator Lamp
(Diagnoselampe)
MKL: Mechanischer Kreiselader
(mechanischer Strömungslader)
MMA: Mengenmittelwertadaption
MSG: Motorsteuergerät
MV: Magnetventil
MVL: Mechanischer Verdrängerlader

N
NBF: Nadelbewegungsfühler
NBS: Nadelbewegungssensor
ND: Niederdruck
Nkw: Nutzkraftwagen
NLK: Nachlaufkolben(-Spritz-
versteller)
NMHC: Nicht-methanhaltige
Kohlenwasserstoffe
NMOG: Nicht-methanhaltige
organische Gase
NSC: NO_X Storage Catalyst
(NO_X-Speicherkatalysator)
NTC: Negative Temperature
Coefficient
NW: Nockenwellenwinkel

O
OBD: On-Board-Diagnose
OHW: Off-Highway
OT: Oberer Totpunkt (des Kolbens)
Oxi-Kat: Oxidationskatalysator

P
PASS: Photo-acoustic Soot
Sensor
PDE: Pumpe-Düse-Einheit
(Unit Injector System)
PDP: Positive Displacement Pump
PF: Partikelfilter
pHCCI: partly Homogeneous
Compressed Combustion Ignition
PI: Pilot Injection
(auch: Voreinspritzung, VE)
Pkw: Personenkraftwagen
PLA: Pneumatische Leerlaufanhe-
bung
PLD: Pumpe-Leitung-Düse
(Unit Pump System)
PM: Partikelmasse
PNAB: Pneumatische Abstell-
vorrichtung
PO: Post Injection
(auch: Nacheinspritzung, NE)
PSG: Pumpensteuergerät
PTC: Positive Temperature
Coefficient
PWG: Pedalwertgeber
PWM: Pulsweitenmodulation
PZEV: Partial Zero-Emission Vehicle

R
RAM: Random Access Memory
(Schreib-Lesespeicher)
RDV: Rückströmdrosselventil
RIV: Regler-Impuls-Verfahren
RME: Rapsölmethylester

ROM: Read Only Memory
(Nur-Lese-Speicher)
RSD: Rückströmdrosselventil
RWG: Regelweggeber
RZP: Rollenzellenpumpe

S
SAE: Society of Automotive Engi-
neers (Organisation der Automobil-
industrie in den USA)
SCR: Selective Catalytic Reduction
(selektive katalytische Reduktion)
SD: Steuergeräte-Diagnose
SG: Steuergerät
SME: Sojamethylester
SMPS: Scanning Mobility Particle
Sizer
SRC: Smooth Running Control
(Mengenausgleichsregelung
bei Nkw)
SULEV: Super Ultra-Low-Emission
Vehicle
SV: Spritzverzug
SZ: Schwärzungszahl

T
TLEV: Transitional Low-Emission
Vehicle
TME: Tallow Methyl Ester (Rinder-
talgester)

U
UFOME: Used Frying Oil Methyl
Ester
UIS: Unit Injector System
ULEV: Ultra-Low-Emission Vehicle
UPS: Unit Pump System
UT: Unterer Totpunkt (des Kolbens)

V
VE: Voreinspritzung
VST-Lader: Turbolader mit variabler
Schieberturbine
VTG-Lader: Turbolader mit variabler
Turbinengeometrie

W
WSD: Wear Scar Diameter
(„Verschleißkalotten"-Durchmesser
bei der HFRR-Methode)
WWH-OBD: World Wide Harmonized
On Board Diagnostics

Z
ZEV: Zero-Emission Vehicle

Sachwortverzeichnis

Printed in the United States
By Bookmasters